空天信息技术系列丛书

面向 LVC 的信息安全共享及虚拟现实技术

潘 勃　王 栋　陶 茜

刘培欣　王智鑫　曾 哲　　著

西北工业大学出版社

西 安

【内容简介】 本书属于模拟训练技术和信息安全类图书,讨论了虚拟现实技术、数据通信和虚拟现实技术在真实-虚拟-数字构造(Live-Virtual-Construction,LVC)体系中的应用和发展。本书主要内容如下:在研究 LVC 模拟训练系统及其国内外发展和研究现状的基础上,重点研究了面向 LVC 模拟训练系统的数据软总线技术,提高了 LVC 运行效率和可靠性;研究了基于混沌理论的数据加密方法,以及基于混沌理论和压缩感知的图像快速加密方法;研究了基于发布-订阅模式的数据分发方法和数据服务模式;探索了区块链技术在 LVC 分布式数据存储和共享中的应用;以发动机维修模拟训练系统为例,设计了发动机维修模拟训练仿真系统和演示系统。

本书可作为高等学校虚拟现实技术、信息安全等专业的参考书或教材,也可以为从事信息安全、数据通信等行业的工程技术人员提供参考。

图书在版编目(CIP)数据

面向 LVC 的信息安全共享及虚拟现实技术 / 潘勃等著
. — 西安 : 西北工业大学出版社,2023.10
(空天信息技术系列丛书)
ISBN 978 - 7 - 5612 - 9085 - 9

Ⅰ.①面… Ⅱ.①潘… Ⅲ.①虚拟现实-信息安全-研究 Ⅳ.①TP393.08

中国国家版本馆 CIP 数据核字(2023)第 217603 号

MIANXIANG LVC DE XINXI ANQUAN GONGXIANG JI XUNI XIANSHI JISHU
面 向 LVC 的 信 息 安 全 共 享 及 虚 拟 现 实 技 术
潘勃　王栋　陶茜　刘培欣　王智鑫　曾哲　著

责任编辑:朱晓娟	策划编辑:华一瑾
责任校对:高茸茸	装帧设计:董晓伟

出版发行:西北工业大学出版社
通信地址:西安市友谊西路 127 号　　邮编:710072
电　　话:(029)88491757,88493844
网　　址:www.nwpup.com
印 刷 者:陕西奇彩印务有限责任公司
开　　本:787 mm×1 092 mm　　1/16
印　　张:11.625
字　　数:290 千字
版　　次:2023 年 10 月第 1 版　　2023 年 10 月第 1 次印刷
书　　号:ISBN 978 - 7 - 5612 - 9085 - 9
定　　价:68.00 元

前　　言

模拟训练技术自 20 世纪 70 年代至今已走过半个世纪,随着互联网技术的飞速发展和经济、生活水平的不断提高,经历了从无到有、从理论到实践、从军用到民用的重大变革。模拟训练技术形成之初是为了解决某些训练科目危险程度高和复杂度高的问题,发展至今,模拟训练技术已经成为一种不可或缺的军事训练方法,逐渐形成了以实装、模拟器和数字构造装备为核心的一体化训练环境。近年来,国外不断发展 LVC 模拟训练技术,构造模拟训练环境,并将 LVC 模拟训练分布式的信息安全传输技术、总线技术和虚拟现实(Virtual Reality, VR)技术作为重点技术进行持续攻关。经过近 30 年的研究和发展,LVC 模拟训练技术不断丰富和发展,为解决实战化训练的问题提供了新的解决思路。

虚拟现实技术是军事 LVC 模拟训练领域的一个核心技术,基于虚拟现实的 LVC 模拟训练系统具有形象直观、环境逼真、培训方便、训练有效等优点,因此,加强对该系统的研究是大势所趋。LVC 跨域分布式模拟训练面临数据跨域传输的信息安全问题,特别是近些年信息安全问题不断发生,LVC 架构下的数据隐私保护越来越重要。当前,物联网、大数据、云存储等信息技术的发展,训练系统集成越来越多的文本、图像、视频,在传输、存储、处理等方面的效率问题亟待解决,而传统的总线技术已不适合数据分发、交互和管理,如何设计出信息私密性好、传输效率高以及符合 LVC 多源异构数据共享的总线数据系统是世界各国专家一直致力研究的方向。

本书共 11 章:第 1 章介绍 LVC 模拟训练体系概况和关键技术,重点对虚拟现实技术进行介绍;第 2 章讲述 LVC 模拟训练技术与系统组成,围绕 LVC 模拟训练技术的发展历程展开介绍,重点对 LVC 系统组成和体系框架进行论述;第 3 章重点介绍 LVC 总线技术,介绍 LVC 分布式仿真的发展特点、LVC 软总线技术的框架和中间件设计;第 4 章介绍 LVC 数据分发服务设计方法,重点介绍其分布式架构、发布-订阅模式、通信过程设计及实验部分的内容;第 5 章介绍 LVC 模拟训练中的信息安全关键技术,重点介绍信息安全中的伪随机序列发生器的设计方法,介绍几种经典混沌映射,在此基础上,介绍混沌的判定以及混沌伪随机序列码的生成算法,并给出混沌伪随机序列发生器的性能判定标准,为混沌应用于信息安全技术打下基础;第 6 章介绍基于混沌伪随机序列和压缩感知的图像加密技术,基于 LVC 分布式信息传输技术的要求,考虑到信息加密的安全性和传输效率,研究基于混沌伪随机序列发生器和压缩感知的图像加密算法,给出算法的思路和设计流程,并分析该算法的安全性;第 7 章基于数据安全,探索区块链技术在 LVC 分布式数据存储和交互中的应用,重点介绍联盟区块链数据存储的架构及其数据跨域共享方法,并对区块链技术在 LVC 系统中的应用进行展望;第 8 章介绍 LVC 系统中的虚拟现实技术,确立 LVC 模拟训练中涉及装备的对象化建模过程,通过分析工具化选取、引擎设计,以通用发动机为例,探讨发动机数字化建模流程和原则;第 9 章在第 8 章的基础上,以模拟训练技术在发动机维修模拟训练仿真实现为例,将模拟训练技术在 LVC 系统中的运用进行探讨,主要介绍系统设计思路以及实现方法,引入发动机维修模拟训练仿真的实现技术,重点介绍虚拟场景、创建、交互、系统设计实现流程以及虚拟仿真系统发布;第 10 章介绍 LVC 时空一致性控制方法应用及通信方式,重点围绕航迹递推(Dead Rocking, DR)算法分析分布式虚拟环境时空一致性,讨论时间和空间一致性控制方法,并通过一致性仿真试验验证方法的可行性;第 11 章以外军典型 LVC 模拟训练系统为例,介绍 LVC 模拟训练环境的构建方法和仿真推演所需要的模型,包括建设关键要素、技术支持、子模块和关键技术,总结外军 LVC 建设发展对我国建设 LVC 的启示,为后续作战想定推演和多兵种联合训练奠定基础。

本书编写分工如下:第 1 章和第 4~7 章由潘勃编写,第 8 章由王栋编写,第 2 章和第 11 章由陶茜编写,第 3 章由曾哲编写,第 9 章由王智鑫编写,第 10 章由刘培欣编写。

在撰写本书的过程中,得到了空军工程大学本科生庞洪海、郭志琦、黄李龙、张东、耿震、蒋镭强、王中玉的大力支持和协助,他们为本书做了大量细致的工作,在此表示由衷的感谢。

在编写本书的过程中,曾参阅了相关文献资料,在此谨向其作者一并表示感谢。

目前,模拟训练技术的军事应用尚处于发展阶段。由于水平有限,书中难免存在不足和疏漏之处,恳请读者批评指正。

著 者

2023 年 6 月

目　　录

第1章 绪 论

随着时代的进步、军队信息化建设的推进,对军队现代化备战训练的要求逐步提高。在实战化训练进程中,装备与人员的结合以及体系化作战训练都面临许多实际条件的限制,LVC 模拟训练系统为训练提供了更好的平台,利用 LVC 技术快速开展集成的仿真训练成为信息化时代军事训练的发展必然。但在利用 LVC 平台进行系统化的联合作战训练时,需要进行大量的跨域、跨平台的信息交互流转,共享战训数据、实时传递战场情报,对大量的跨域数据信息进行高效、安全的传输,在此过程中如何构造安全、可信的跨域互操作成为一个关键的问题。因此,研究并解决数据传输的保密问题对于促进航空兵实战化模拟训练以及战术数据分析具有十分重要的意义。

20 世纪 80 年代中期,在 LVC 技术开发领域,针对不同模型和仿真在不同平台上的实际运用的问题,人们提出了一些高性能的操作方法。美国国防部(United States Department of Defense, US DoD)提出了先进的分布式仿真(Advanced Distributed Simulation,ADS)技术的一系列概念,并试图将这种模拟训练的方式引入军事训练,考虑将其作为一种基本的军事训练技术手段。该技术发展至今,经过长期研究和实践,相继发展形成了平台级的分布式交互型仿真(Distributed Interactive Simulation,DIS)、聚合层的仿真协议(Aggregate Level Simulation Protocol,ALSP)、高级体系结构(High Level Aichitecture,HLA),以及以试验与训练能力体系架构(Test and Training Enabling Architecture,TENA)为代表的通用仿真体系结构来面向具体领域进行应用。在 14 年前,美国就已经明确给出了 LVC 体系结构研究的方向和路线,规划了未来分布式仿真试验体系结构的发展,旨在提升 LVC 的仿真环境的可靠度和互操作性。而国内主要是借鉴并采用国外的 LVC 技术体系来支撑训练,进一步探索并完善仿真训练体系的方法。

1.1 基 本 概 念

LVC 模拟训练技术是伴随着信息化技术发展和武器装备先进性要求提出的。美国最早提出 LVC 概念是在武器装备作战试验鉴定领域。随着军事装备呈现出复杂化、多样化的发展态势,原有的武器装备性能试验不再满足军事需求。特别是美国新型武器装备的列装,对装备试验鉴定的内容、模式、方法也都提出了新要求。新的需求催生新的理论,新的理论需要具体方案和条件落实,美国在突破传统性能试验鉴定的同时,也意识到实装参与试验、演习和演训的不足之处。从训练效益和效果出发,面向未来信息化战场,美国未来训练发展模式必然朝着虚实融合、演训一体的方向发展。2004 年 10 月,美国国防部曾发布一体化联合试验环境规划图(Test in a Joint Environment Roadmap)。美国国防部认为,未来的战争,必定是一体化作战条件下的体系对抗,任何单一装备的研制与军事训练也必须在一体化试验环境中进行。

真实(L,Live)装备即实装,是指参与训练的实际装备,可以是有人操作或无人操作的实际系统。实装参训模式主要是参训人员通过操作实装在真实训练环境下进行训练。在参训人员身上和真实系统上都安装了具有特殊功能的传感器。

虚拟(V,Virtual)装备即模拟器,可以理解为参训人员操作的模拟器等模拟训练设备,比如飞机模拟座舱,是将虚拟器通过接口接入训练环境的训练技术。

数字构造(C,Construction),是利用计算机仿真技术描述模拟训练环境中的兵力,包括战场环境、作战单元、指控节点、武器装备、作战环境等,在模拟训练进程,按照科目设置,将其接入指定的模拟训练仿真环境中去。

在作战想定背景的设置下,模拟训练环境中融合包含了上述实装、模拟器和数字构造技术的模拟训练系统,就是 LVC 模拟训练仿真系统。

LVC 模拟训练仿真系统属于典型的分布式系统。而之所以要集成这三类仿真资源建成模拟训练体系平台,主要是因为以下三点:

第一,武器装备的实际作战能力不仅受限于自身的性能特点,还受限于作战环境。任何单一的武器装备试验已经无法满足军事发展的需求。因此,人们必须开展 LVC 仿真研究,构建将各类靶场与设施互联起来的联合试验训练平台,集成共享仿真资源,实现装备仿真领域的新突破。

第二,可以将地理位置上分散的各类仿真设施和仿真人员整合起来,构建统一、共享的战场资源环境,可以在现有条件下,尽可能地使演练规模更为庞大,使试验训练剧情更为逼真,为各部队共同参与的联合军事演习提供条件。

第三,从经济因素考虑,大量的设施资源呈现出独立的“烟囱式”发展状态。大量项目重复建设,制约了分布式系统间的互操作,造成了资源浪费。如果将真实的、虚拟的、构造的仿真设施进行有效集成,就能够以低投入进行高层次的试验和训练。

仿真技术经过数十年的发展,已经形成了各式各样的、可独立运行的分布式异构仿真系统,但由于各系统分期建设,因此造成体制差别较大。各分系统均是自闭环仿真模式,各个系统的时间推进机制和数据通信格式等均不相同,仿真资源自成体系,无法融合构建更大范围的完整试验鉴定模式。针对上述问题,可以通过网络交互信息,构建一个在时空上互相耦合的联合仿真试验平台,将已有的、分散的、不同类型的、不同层次的仿真系统进行互联、互通,实现较高层次的互操作。

外军近些年筹划建设联合仿真试验平台,其目标是建立系统之间的通信与建模规范,系统应遵循统一的标准,将分布在靶场中的数字仿真系统、半实物系统、实装系统、测控设备等资源集成起来,通过对试验要素、单元、系统的综合集成和信息的实时互联、互通与互操作,构成一个“物理上分布、逻辑上统一、虚实融合、内外结合”的靶场一体化试验与评估平台,并能够快速、灵活配置试验模式。

1.1.1 LVC 模拟训练体系

任何一种作战力量存在的根本依据都是能有效地应用于战争,为战争的胜利做出贡献,航空力量存在的理由当然也不例外。伴随着航空兵部队的建立和发展,这一新生的作战力量开始经受战争的严峻考验。伴随着实战化发展,特别是信息化程度的提高,武器装备的作战效能不断更新、迭代。信息化和实战化训练催生了模拟训练技术的不断进步,特别是近些年,西方国家不断探索新的贴近实战的模拟训练方式,为了满足多兵种联合作战的任务场景,探索基于虚拟现实的模拟训练环境和训练平台,集成分散在不同区域的作战单元和实体。这些作战单元和实体的作战集合在一定的区域内,按照 LVC 仿真环境的协议,自动形成模拟编队,加入跨域模拟训练网络,形成分布式跨域自组织网络体系架构,按照训练科目需要,每个跨域网络实体自动集成,模拟作战单元的编队集合,融入 LVC 模拟训练体系架构,完成模拟训练的科目。

可以说,LVC 模拟训练体系颠覆了传统演习演练的经典模式,集成跨域训练资源,将实装、模拟器、数字构造融合到虚拟现实的对抗环境中,并且保证人在环路和人工智能技术的高度融合。LVC 模拟训练集成现代信息化条件下诸多技术优势,从西方国家来看,LVC 模拟训练技术已经获得较高的效费比,且最大限度地贴近实战,显著提高了训练针对性和训练效果。目前,世界各军事强国都在逐步加紧 LVC 关键技术的研究和体系架构的建设,力争最大限度地建成接近实战、可跨域、互操作、自组织体系的 LVC 模拟训练体系。

1.1.2 信息安全关键技术

国外军队在建设 LVC 模拟训练体系的过程中,特别是在建设成熟阶段,逐步意识到在日常训练过程中,在跨越数据通过有线、无线等传输介质进行传输的过程中,LVC 系统内的数据暴露在信道内,很容易被非合作方截获和破解,给训练造成极大风险,因此,国外军队在建设和发展 LVC 体系过程中,特别是在近年来的跨域训练方面,对于信息安全关键技术高度重视。目前,主流的信息安全管理模式重点在于信息分级管理和加密方面,LVC 多密级信息安全交互环境如图 1.1 所示。

同种安全域 1~5 分别属于不同的安全区域,在开展 LVC 跨域互操作模拟训练时,L、V、C 分别属于不同的地域,各地域间按照训练科目背景进行跨域训练或对抗演练。每个安全域内部数据交互和传输利用本地的局域网络,可以采用专网进行数据交互,保证安全,同时需要开展多密级信息存储加密功能、性能、数据扩展和应用透明性等测试。而在安全域之间,需要设置网络连接方式,若跨域距离较远,则需要进行中继处理。同时,在网络内传输的训练数据按照秘密程度需要严格地分级、分类,确保信息在严格的等级约束下按照权限由高向低流转。因此,LVC 模拟训练体系在建设过程中必须充分考虑数据传输的多级安全可靠性,同时,必须保证安全区域内、区域间数据交互和存储加密技术体制的合理性、适用性和兼容性。

LVC 模拟训练系统通过多密级终端密码机和密码服务中间件,设置安全域内单元的秘密等级,并对不同安全等级的信息进行标识,根据 LVC 用户的差异,可根据需要设置高级、中级、低级多种级别的用户,针对不同安全等级的用户,系统进行数据加密、身份认证和分布式存储加密等。

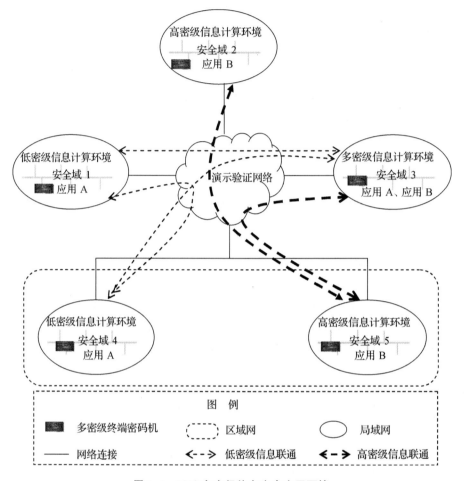

图 1.1　LVC 多密级信息安全交互环境

　　预期结果:存储加密系统能够根据信息的不同密级、用户的不同级别动态配置相应的密码资源,进行正确的数据存储加密。不同的级别用户能够依据访问控制策略读取相应的信息,如只有高等级用户才能访问绝密级信息,中等级以上用户才能访问机密级信息,低等级以上用户能够访问秘密级信息。此外,还需要进行网络层传输加密、传输层传输加密、应用层传输加密设置。

　　传输加密系统能够根据安全域的类型和应用需求,动态配置相应级别的密码资源,进行正确的数据传输加密。同一级别安全域之间能够加密互通,低密级信息能够从低密级安全域流向高密级安全域,高密级信息不能从高密级安全域流向低密级安全域。通过测试软件,可以分别测试网络层传输加密、传输层传输加密、应用层传输加密的性能。

　　在信息安全和身份认证等关键技术的研究中,需要充分考虑网络层传输加密、传输层传输加密、应用层传输加密等协议的数据格式。在传输加密协议中需要加入信息密级标识、应用标识、用户标识、密码算法标识以及完整性鉴别码等,以确保军用文电系统、Web 服务系统正常运行。

1.1.3　虚拟现实技术

作为 LVC 体系架构中的重要组成部分和核心支撑技术,虚拟现实技术最大限度地降低了模拟训练的成本,减少了模拟训练的资源,利用逼真的模拟训练装备和高还原度的训练环境,设置近乎现实的体系化训练环境,为受训者提供最贴近实战的训练体验,以取得最大的训练效益。

1.2　虚拟现实技术概述

1.2.1　虚拟现实系统的特征与组成

用户通过虚拟现实系统沉浸在数字虚拟场景中,同时可对多维数字环境进行交互,相互感知、相互影响。虚拟现实系统具有如下基本特征:

(1)学科的高度综合化。

(2)参训人员的现场沉浸感。

(3)训练系统的规模集成化。

虚拟现实的沉浸感最终表现为用户交互技术,具体有如下三个方面:

(1)头部追踪:系统可以探测头部的运动轨迹来分配运动坐标轴分量。

(2)眼动追踪:设备中含有红外控制器,可以在虚拟环境中跟踪眼睛的方向,获得更深入的视野。

(3)运动追踪:是为了实现在虚拟现实环境中自由观望和走动,主要分为光学跟踪和非光学跟踪两类。前者一般是头戴式设备上的摄像头,后者是在设备或身体上的传感器。

虚拟现实系统包括 4 个重要组成部分,如图 1.2 所示。

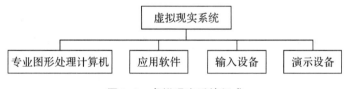

图 1.2　虚拟现实系统组成

1.2.2　国内研究现状

目前,从已有的公开文献报道来看,国内在虚拟维修技术上已经有了长足进步,而航空装备维修训练采用"院校理论教学＋基层业务培训"的模式。院校理论教学采用原理图、动画、录像等多种方式,基层业务培训普遍采用"师傅带徒弟"的实装维修训练的方式。国内目前在虚拟维修技术上主要在技术研究与结构设计阶段,真正以这种方式组织实际的维修训练还不是很普遍,仍有很大提升空间。当前,军地高等院校正在采取"以需求促发展"的模式,推动虚拟维修技术的发展。

我国在探索虚拟训练的发展过程中,先后研究和探索了基于桌面仿真的各型装备训练系统,特别是通过近年来的探索,逐步建立起模拟训练装备体系架构。航空工业沈阳飞机设计研究所、成都飞机设计研究所等单位,分别依托数字制造技术,探索了全机虚拟飞机等训练教学手段,但是由于核心装备国产化进程的影响,目前还在探索阶段,没有得到全面的推广和应用。

国内逐步开发了以虚拟排故、拆装培训为核心,发动机硬件随动显示状态的发动机故障分析和诊断综合训练系统,建立了一种全新的实装和模拟器相配合的发动机维修训练模式。由于虚拟现实技术可以将用户带到虚拟世界里,因此其在装备开发、军事作战、设备拆装维修、医疗救护等领域有着广阔的应用前景。

从公开可查询的文献资料和新闻来看,当前我国在虚拟训练的条件和手段建设方面,主要是依托虚拟现实设备和技术,实现单人和编组协同训练等训练条件,并逐步在军用车辆领域开展了有益的探索,同样由于虚拟现实等硬件设备的国产化进程限制,没有得到全面的推广和应用。

民航在虚拟训练领域的研究和应用领先于军机训练,中国民航大学建立了虚拟仿真试验中心,支撑学院开展部分机型的虚拟训练,同时引进波音公司的先进虚拟训练系统开展维护训练。

同时,虚拟现实技术在工业领域受到了高度的重视,在重型机车研发、生产、维修等领域,得到了长足的发展。我国高铁"和谐号"等在维修工作中,已经采用虚拟维修的手段开展排故和人员训练。

1.2.3 国外研究现状

在欧美一些航空技术先进的国家,飞机维修训练的主要方法是以实际装备为基础,结合训练模拟器和虚拟维修模拟训练系统。美国确定了军事转型的四大支柱,其中训练是美国当前全球军事转型的重要组成部分。美国航空研究实验室开发了虚拟环境安全训练(Virtual Environment Safety Training,VEST)系统。该系统基于虚拟沉浸现实技术,主要用于 F - 15 战斗机的野战训练、武器系统状态的识别等。该实验室于 2008 年提出了一个虚拟飞机维修训练系统的开发项目,利用虚拟教练机来指导用户,并允许更多的人通过程序进行联合训练和对话,以帮助飞机维修人员获得全面、深入的技术培训。著名的研究机构主要集中在美国、日本、德国、新加坡等发达国家的实验室,主要研究人机交互方式、软件和硬件平台的开发等。随着科技的不断发展,研究也逐渐从实验理论走向工业应用阶段。

1.3 LVC 联合仿真试验平台

LVC 联合仿真试验平台面向未来信息化战场的联合作战背景,融合实装、模拟器和数字构造三类参训实体,覆盖模拟训练的全过程,包括:仿真前,作战想定的快速加载和配置,作战态势的监控;仿真完成后,对数据、模型等资源的管理。因此,除了支持最基本的数字系统、半实物仿真、实装系统、测控系统等的集成与交互外,该平台还应当具备试验任务配置、仿真过程监控、在线管控、数据收集、态势显示、资源管理等相关功能。

联合仿真试验平台体系架构的设计,通常需要考虑以下几个因素。

(1)实时性:联合仿真试验平台需要跨多个仿真层次,比如工程级、交战级、系统级等,也需要融合多种类型的仿真系统。从系统集成的角度看来,不同层次、不同类型的系统,对实时性有不同的要求,既含有对实时要求较低的参数配置、可视化操作等部分,也有需要强实时约束的模型计算,还有信号生成等需要苛刻实时约束的部分,因此,必须充分考虑各项仿真任务的时间约束条件。

(2)数据通信:联合仿真试验平台将集成多个单独开发的、成熟的、完善的仿真系统,并以此为基础,设计仿真试验的辅助控制工具。而仿真试验的各项功能中,数据交换是仿真能够协同运行的基本条件,建立通信则是前提。因此,仿真应用之间数据消息交换格式的统一,是实现互操作的基础。从工程实践上说,只有制定统一的数据通信标准,形成相应的规范,才能实现系统间的互操作。此外,随着联合仿真试验平台建设的向前推进,该通信标准的每次修改必须在所有集成分系统之间达成一致。

(3)实装试验问题:现在的实装试验还是以全实装的军事演习,或是单件装备的性能测试为主,对于实装与其他仿真系统进行的融合试验比较少见,这是由于实装试验过程中成本较高、风险较大,容易造成不可挽回的巨大损失。因此,在进行联合仿真试验平台构建时,必须充分考虑到实装系统的特点,有效地解决试验过程中可能出现的困难。

此外,我们必须清楚地认识到,联合仿真试验平台的构建工作是不可能一次完成的,必然是一个不断试验、不断改进的过程。在此过程中,会不断有新的系统需要集成进来。因此,必须充分考虑系统的可扩展性。联合仿真试验平台的设计必须满足对较大规模的仿真试验的支撑需求,在无须调整系统整体架构的条件下,参与试验的分系统可根据需要随时添加或删除,并且可以实现所有系统的集中管理和过程控制。因此,在网络拓扑结构的设计中,必须充分考虑系统的可扩展性,特别是要保证强实时、苛刻实时等实时性要求高的仿真任务扩展性。

第2章 LVC模拟训练技术与系统组成

《论语·魏灵公》有云:"工欲善其事,必先利其器。"

无论是对空攻击还是对地攻击,航空兵战术如果想要顺利实施,就离不开机载武器的运用和支持。在介绍空空、空地战术之前,有必要先行对航空武器装备的相关概念进行介绍,并且在此基础上对航空兵器分类进行分析,探讨作战飞机武器系统建模与仿真的方法和原理,研究作战飞机如何准确地使用各型武器攻击相应的目标,以达到最终的作战目的。因此,需要从作战飞机的武器装备的作战过程、攻击原理、武器使用原理等多方面进行深入的了解。在研究具体武器系统建模与仿真方法之前,需要对相应的概念进行了解和介绍。

军用航空器(载机)上用来杀伤目标的装备,称为机载武器系统(Airborne Weapon System)。机载武器系统的功能是正确投射武器弹药,命中、杀伤目标,完成作战任务。各类飞机的作战任务不同,其武器系统也不尽相同。具有完善的机载武器系统,是军用作战飞机区别于其他飞机的主要特征。机载武器系统由武器弹药、机载火力控制系统(Airborne Fire Control System)和悬挂/发射装置等三部分组成。机载武器系统的性能,直接决定了军用作战飞机的作战能力。

飞机是平台,是机载武器系统的载体。对同一架飞机来说,攻击手段和作战能力,取决于武器弹药和火控系统。说起杀伤目标,武器弹药的威力当然起重要的作用,但武器弹药准确命中目标则是杀伤目标的前提条件。这样看来,如果没有机载火控系统对目标的精确瞄准,没有机载火控系统对武器弹药的正确管理和对攻击过程的有效控制,那么武器弹药的威力也就难以发挥。因此,飞机平台、武器弹药和火控系统是形成和决定军用作战飞机作战能力的三大要素,三者缺一不可。

机载武器控制系统的性能直接决定了武器弹药投射的命中精度,直接决定了飞机作战效能,影响到飞机的出勤率和机载自身的生存率。机载武器控制系统的作用如此重大,对作战飞机性能影响如此明显,这也是各国高度重视,花费大量的人力和财力去发展机载火控技术,研制新型机载武器控制系统的原因。

为了提高飞机和机载武器系统的作战效能,对火控系统提出了很多要求,这些都反映在具体的战术技术指标上。火控系统的战术技术指标包括:作战任务要求(主要装备飞机型号、主要目标型号、主要装备武器类型和数量、空空和空地作战状态和攻击方式),战术指标(载机特性、目标特性、配备武器特性、武器系统精度指标、火控系统精度指标、作战环境)和技术指标(系统组成;系统使用要求;系统尺寸和质量;系统可靠性、维修性、测试性、保障性要求;系统经济性要求)。对于航空火力控制原理而言,主要是要保证用确定的武器,以确定的作战状态,完成空空、空地攻击方式的火力控制解算,保证精确性和实时性。

随着信息技术和计算手段的丰富和发展,高性能的计算机和芯片直接解算火控方程、弹道微分方程、滤波方程、控制方程等而无须对方程进行任何近似和简化处理,这将大大提高火力系统的计算速度,提升武器作战运用效能。本章将主要介绍空空导弹、空地弹药和攻击区的数学模型和仿真方法,为后续章节的战术推演和运用提供支撑。

2.1　LVC 模拟训练技术概述

当前发展环境下,大多数西方发达国家也存在着日常训练需求和现有训练手段发展不平衡不匹配的问题。就空军部队而言,主要依靠飞行模拟器、教练机和作战飞机训练。部分发达国家的目标是将其中实机飞行训练的占比增加至约 50%。实机飞行的训练效果最好,但是也使得部队在维护保障飞机的花费开销上大幅提升。这样能让空勤人员在地面练习飞行和作战技能,减少飞机的磨损,降低维护保障成本,大幅提高安全系数。其缺点是缺少飞行的真实感,尤其是当涉及实战演练时,新型飞机的传感器功能与性能虽然大幅提升,但是仿真模拟飞行设备不能真实反映出新研制飞机的复杂系统,导致基于仿真模拟飞行设备开展的实战演习训练效果不会太好。

将来的训练演习趋势多为利用集成构建的 LVC 系统进行,统筹集合利用之前分批建设的各类训练设备,以解决训练不足、军费开支过大以及装备维护保障困难等问题。这个问题一方面是因为军费开支过高,不足以支撑大量实机训练,另一方面则是因为训练技术有待提高,实机飞行训练具有风险和损耗。由此可以预见,未来 LVC 模拟训练技术的成熟运用将在后续军队的备战训练中占到重要地位。而现如今,美国军方已经开始减少原先用于实机飞行训练的经费,转而增加对 LVC 模拟训练系统开发的投入。

近年来,美国国防部在仿真和建模领域的终极目的,是建立一个快速、有效的 LVC 架构系统,便于迅速集成模型以及进行仿真,构成一个高度还原、使用便利的虚实结合的环境。该系统可以用来实现虚拟环境下的作战训练、战术协同作战,以便于后续制订作战计划,以及进行最后的作战结果评估和装备性能测试等,从而保证在未来的战略竞争中能继续保有优势地位。

从 20 世纪 70 年代以来,美军利用计算机技术驱动训练技术、训练方式的改革来取代传统训练模式,将这一工作纳入美军建设的总体计划之中,并将其不断完善,以得到越来越高的训练效益。14 年前,美军就已经提出了 LVC 体系结构路线图,对于下一代模拟和分布式仿真测试体系结构的开发做出了规划,以便于实现各种模拟训练系统的整合。2014 年,美军为解决以往的一系列弊端,提出联合训练体系架构(Joint Training Enterprise Architecture,JTEA),核心组成部分为联合实兵虚拟推演联邦(Joint-Live-Virtual-Construction,JLVC),对 LVC 提出了更先进的发展建议。

近年来,为适应现代化信息化条件下对装备的开发、试验和战备训练,实现陆海空的联合作战体系,创建统一的 LVC 集成架构(Live-Virtual-Construction Integrating Architecture,LVC-IA),能够快速地构建仿真模型和开展仿真训练,形成一个有效的 LVC

训练环境,来为不同军兵种、不同专业岗位的作战人员在制定战术、协同作战、飞行训练、训练评估等方面提供更好的平台。

LVC 训练中,L 是实的,V 和 C 均为虚的,这种训练有效地将实兵训练、虚拟模拟器训练和推演模拟训练三者的优点综合起来。更重要的是,使用 LVC 仿真技术进行训练有着很多优点,例如:可以逼真地将真实战场联合作战背景表现出来,使各军种的效能反映出来,摆脱单军种训练所带来的局限性,也可以将指挥员和分队的训练有效结合,紧密互联而不至于脱节;利用仿真训练,人们可以控制训练的场景和内容;训练的场景可以达到实战化训练环境;相比实际装备进行训练,使用仿真技术训练的成本更低;训练的效率也较实际装备训练高,训练的数据等通过计算机实时存储分析,同时可以具有机器学习等能力,更适用于提升训练效果;使用仿真系统进行训练,能够缓解空域管制的压力;通过紧密结合虚拟的系统与实际装备、模拟器,创设出来一个逼真的未来战场,能够使人身临其境地反映真实战场,而不是人为构设的一个受限制的战场环境。这种训练模式能够摆脱实兵安全压力的影响,促进大胆创新作战方式,试验新战法。

纵观美军 LVC 关键技术及体系建设,不难发现,美军的模拟训练技术发展是随着实战化训练的步伐不断前进和发展的,而且美军 LVC 体系架构也随着信息技术的发展和装备的更新换代不断迭代发展。目前,从已有研究报道来看,美军 LVC 关键技术主要围绕跨域互操作技术、信息安全技术、混合现实技术等方面开展重点投入,在前期已经建成的体系架构基础上,美军正在陆续开展多项相关研究工作,并且在演习演练中不断改进训练技术、设施和环境。

2.2 LVC 系统组成

LVC 环境由三种可与集成 LVC 架构互操作的模拟环境组成。实装(L)是为战斗机在其真实设备上工作而设计的,但是没有真正的敌人。模拟器(V)是供战斗机操作飞行模拟器或战术模拟器。数字构造(C)是虚拟的。LVC 架构以中间件为连接点,如图 2.1 所示,使实装、模拟器和数字构造及与之匹配的数据、指标集成于一体,增强了它们之间的互操作性,这种架构的优点是扩展更加灵活,开发风险与成本较低。

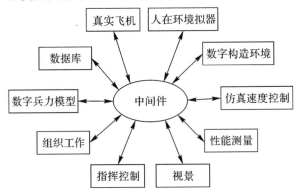

图 2.1 LVC 架构互操作的模拟环境组成示意图

最有效的面对面练兵方法仍然面临着巨大的挑战。实战训练在净空和飞行时间方面的成本,以及运营成本非常高。燃料和维护 Man-in-loop(人在回路)模拟器可以模拟从空中飞行的危险。模拟器的加入降低了成本,训练效果更接近实际装备,它降低了对敌机和假想飞行员的需求,飞行员可以在雷达和其他飞行传感器上检测到这些计算机生成的威胁,减少了实装飞机的磨损,减少了燃料消耗并减少了飞行员在"副角色"上的工作量。LVC 培训系统由实装、模拟器和数字构造构成,它是基于网络的,通过协议、标准接口和通用接口连接三个不同的环境,用于实时数据收集、操作、检索和共享,如图 2.2 所示。

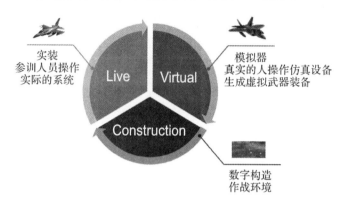

图 2.2　LVC 飞行培训系统示意图

在设备开发过程中,每个层次的物理接口、模拟器和虚拟仿真子系统都按照该层次的标准进行建模,每个系统都有自己的特点。开发人员应了解虚拟世界中不同层次的设备,如何与现实进行沟通和连接。当前的模型和仿真域是多系统的,并且组合了许多结构。LVC 技术需要解决的主要问题是当前在许多系统上的共存问题。针对这个问题,专家提出了两种解决方案。一是促进不同系统的融合,缩小系统结构的差异。虽然这种方案具有明显的长期效益,但从实施的角度来看,实施过程漫长,无法快速解决当前的问题。二是发挥不同系统中 LVC 成员之间的协同作用。集成多步、多类型的 LVC 仿真,需要考虑系统层次和类型的差异,并考虑各个子系统的相关特性。适应过程应从"协同仿真"开始,中间件和桥接器的开发已经实现部分 L、V、C 集成。中间件应该具有底层通信系统,提供模拟上层的数据传输服务,并在应用程序和开发模式之间提供单一接口。桥接器是监控程序与中间件之间的纽带,是 LVC 仿真程序与底层信息传输的纽带,用于将监控程序与基础层的交互数据转化为相互可识别的格式。

SLATE 是美国武装部队将空战机与地面模拟器连接起来并集成数字部队模型的一种手段,可将模拟威胁无缝融入机舱环境,高度还原各要素实际空战过程,兼容现有战术作战训练系统,通过先进的网络设计模拟复杂系统的对抗场景,生成海量实时模拟数据,在 LVC 三种环境中通过高带宽、高度安全的通信链路进行传输。这项先进技术演示于 2015 年 3 月开始,历时 40 个月来评估所需的 LVC 培训系统架构和基本技能。2018 年 6—9 月中旬,美军在内华达州内利斯空军基地演习了 4 个月,在 SLATE 中内置了数百个数字构建的空中和地面部队模型。即使测试场景复杂,通信带宽尚未达到极限,数据丢失也是可以接受的。通过典型飞机的参训演示,SLATE 的技术能力不断升级。这种飞行训练的好处是飞行员有更好、更全面的训练效果。SLATE 训练系统将蓝军的海陆空装备整合到同一个任务场景中,让多支敌军协同飞行员训练,让蓝军更接近实战,最大化蓝军的续航能力,给飞行员提供更强大的课堂培训计划,有效降低了培训成本。在 LVC 技术出现之前,进行大规模对抗训练需要从世界各地调动军队进入同一区域。这些大型演练费用高昂,需要组织协调,导致演练频率较低。例如,在阿拉斯加进行的军事"红旗"演习将耗资超过 100 万美元,以引入集成的"爱国者"导弹和防空系统。LVC 技术推广应用后,减少了参与演习的真机数量,降低了改造成本,训练效果相同或更高,减少了支持飞行训练的日常维护成本,也减少了飞行时间和设备磨损,有效节省军费开支。此外,模拟数字武器的使用减少了训练弹的消耗。

2.3　LVC 航空模拟训练系统的组成

2.3.1　LVC 航空战术基本节点

航空兵(Aviation)是以飞机、直升机、无人机为基本装备,主要遂行空中作战和空中保障任务的兵种。

航空兵作战任务涵盖空中进攻、防守、协同等诸多项目,主要包括:施空中进攻作战,摧毁、破坏敌战略目标,达成战略目的;实施空中交战,突击敌航空兵基地,压制敌防空兵器,争夺制空权;实施空中电子战,突击、压制敌预警指挥、情报信息和计算机网络系统,夺取制信息权;实施空运、空投、空降和空中救援,保障部队空中机动;消灭敌空袭兵器,掩护国家要地、重兵集团和其他重要目标。作为执行空中进攻和防守任务的载体和实施者,航空兵部队的作战力量主要分为歼击航空兵、强击航空兵、歼击轰炸航空兵、轰炸航空兵、侦察航空兵、运输航空兵、特种航空兵和无人机部队。

(1)歼击航空兵(Fighter Aviation)。歼击机是空战历史上最早出现的空军主战力量,空战历史上最早空战的雏形都是以歼击机为蓝本展开的,目前最新的阿尔法围棋(AlphaGo)开创的人工智能空战也是对歼击机作战运用的延伸和发展。歼击航空兵是以歼击机为基本装备,主要遂行空中截击、空中格斗任务的航空兵,通常用于抗击敌方空袭,夺取制空权,实施空中掩护等,必要时也可用于攻击地面、水面目标和实施航空侦察。

(2)强击航空兵(Ground Attack Aviation):以强击机为基本装备,主要从低空、超低空遂行抵近攻击地面、水面目标任务的航空兵,通常用于攻击敌方浅近战役、战术纵深内的小型目标,直接支援其他军种部队作战,参与争夺制空权。

(3)歼击轰炸航空兵(Fighter-Bomber Aviation):以歼击轰炸机为基本装备,主要遂行突击地面、水面目标和空战任务的航空兵,通常用于突击敌战役、战术纵深目标,参与争夺制空权。

(4)轰炸航空兵(Bomber Aviation):以轰炸机为基本装备,主要遂行突击地面、水面目标和空战任务的航空兵,通常用于摧毁与破坏敌战略、战役纵深目标,参与争夺制空权,支援陆军、海军和火箭军作战。

(5)侦察航空兵(Reconnaissance Aviation)。俗话说:"知己知彼,百战不殆。"航空兵这种严重依靠武器装备作战效能的高技术兵种,要克敌制胜,首先需要对战场态势和敌方的信息进行准确掌握,才能有效采取针对性对抗方式,发挥武器装备的作战效能。侦察航空兵是以侦察机为基本装备,主要遂行航空兵侦察任务的航空兵,通常用于查明敌方的目标、电磁信息和敌占领区的地形、天气等情况,以及己方伪装情况和突击效果。

(6)运输航空兵(Transport Aviation):以军用运输机或运输直升机为基本装备,主要遂行空中输送任务的航空兵,通常用于空运人员、装备、物资,保障部队空中机动、空降作战等。

(7)特种航空兵(Special Aviation):遂行特种作战任务的航空兵,主要包括预警指挥、电子对抗、空中加油、搜救救援、医疗救护以及心理战等任务。

(8)无人机部队(Unmanned Aerial Vehicle Unit)。近年来,无人机作为一种新型的航空兵的主战力量,在空军合同战术和体系对抗中,表现出有人飞机无法比拟的技术优势,也是目前各国竞相发展的装备。无人机部队是以无人攻击机、无人侦察机、无人干扰机或无人侦察攻击机为基本装备,主要遂行空中打击、空中侦察、空中电子干扰等任务的部队。

2.3.2　LVC 模拟训练典型基本任务

LVC 模拟虚拟训练体系主要是按照预想想定的作战科目和任务,组织跨域跨地区的战术节点按照预定的网络组织架构和技术标准,在上述作战体系和指挥关系下,航空兵部队的基本作战任务,是由国家的战略方针、空军的使命任务以及航空兵的特性和实际装备水平决定的。信息化条件下,航空兵担负的作战任务日益增多,航空兵的基本任务通常需要多个兵种、机种共同完成。

(1)实施空中进攻作战,摧毁、破坏敌战略目标,达成战略目的。

(2)实施空中交战,突击敌航空兵基地,压制敌防空兵器,争夺制空权。

(3)实施空中电子战,突击、压制敌预警指挥、情报信息和计算机网络系统,夺取制信息权。

(4)实施空运、空投、空降和空中救援,保障部队空中机动。

(5)消灭敌空袭兵器,掩护国家要地、重兵集团和其他重要目标。

(6)消灭敌战术纵深内的有生力量和技术兵器,阻止敌航空侦察、空运、空降和空投,阻滞敌交通运输,支援陆海军和火箭军部队作战。

(7)实施航空侦察、空中预警、空中加油和空中搜救,保障航空兵部队的作战行动。

2.3.3　基于 LVC 模拟训练技术的体系架构

LVC 即由其名字中的 L、V、C 三部分组成。L(Live Capability)是实装,指实兵训练,参与作战的人来操作真实的系统,表现为传统的实兵演习,主要用于进行装备性能试验以及开展实战演练等方面。V(Virtual Simulation)是模拟器,即虚拟模拟,参与训练的人操作虚拟系统,表现为训练决策指挥能力以及利用模拟器开展训练,可以实现在避免人员伤亡或设备损毁的情况下来开展演习训练。C(Construction)是数字构造,指推演模拟,由虚拟的参训者操纵虚拟系统,例如计算机兵棋推演和计算机作战模拟等,可用来进行模拟当前战局环境进行训练,实现在减少实际装备训练造成损耗的情况下来获得训练数据。

LVC 模拟训练系统将实况仿真、虚拟仿真、构造仿真同时整合在一起,实现系统内战训数据的实时共享,为未来各军兵种联合的一体化军事行动提供一个无缝的融合的训练系统。融合的 LVC 训练环境如图 2.3 所示。

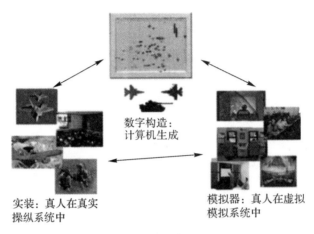

图 2.3 融合的 LVC 训练环境

完整的 LVC 训练系统还包括参训的作战人员、硬件设备、运行的软件环境等,通过构建的计算机网络实现跨域的互联互通,实时共享数据信息,收集作战信息,进行战术管理。LVC 技术将在装备性能测试、作训演习等领域发挥重要的作用。

本章主要介绍了机载武器系统中典型空空、空地武器的作战运用和建模方法,这些方法将为后续的战术基础的学习提供理论支撑。随着先进战斗机技术和装备技术的发展,武器装备与战术的结合越来越紧密,因此,结合装备应用特点,探讨航空兵作战的特点、规律和战术应用,将成为航空兵战术研究的一个主要方向。

LVC 环境由三类仿真环境组合构成,如图 2.4 所示。实况仿真是指现实中的人使用实物在现实环境中采取的演练行动,主要应用于装备试验和实战演练方面。构造仿真是指系统模拟仿真人在真实的作战环境中演练,可以用来分析战局以及模拟训练,减少实际操作带来的损耗情况下获得试验数据,可以避免人员伤损。虚拟仿真是指真人在系统搭建模拟的环境中进行演习训练,可以在避免伤亡损毁的情况下进行演习,一般表现为真人使用模拟系统进行训练。LVC 仿真即为将实况仿真、虚拟仿真、构造仿真同时整合,使其在同一个系统内得以实现数据共享。LVC 仿真系统提供了一种具备扩展性、真实度高、多领域的仿真能力,消除了现实条件的限制。由于愈发靠近真实的仿真环境能带来更好的效果,并且直接影响人员和装备在仿真环境中的状态和所能反馈出信息数据的种类以及质量,LVC 技术集成具有不同语义的多个仿真平台,协调不同仿真模型之间复杂的实时数据交互,建模和分析必须以分布式和并行方式完成,因此 LVC 支持多分辨率建模,可对信息进行分类,在不同的仿真系统中呈现所需级别的信息。

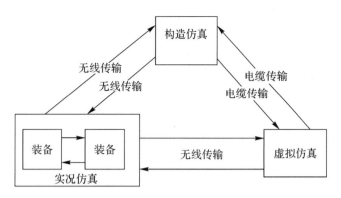

图 2.4　LVC 环境由三类仿真环境组合构成

　　LVC 仿真训练这一完整系统包括参与人员、硬件器材和软件等,通过中心网络实现互联互通,用交换协议、规范标准将多个不同的系统环境实现数据共享,得以进行信息上的收集、管理等。LVC 技术将来能在军事训练和装备试验测试领域发挥一定的作用。

　　在本书所假定的 LVC 仿真架构系统中,系统由装备、人员上配备的传感器,指挥所等具备初步处理能力的中心,指挥中心等具备大量数据处理能力的后方,实验模拟计算机等模拟仿真设备以及其他观测性质的角色和传感网络(如电缆、天线等)组成。各个节点在交由传感网络实现信息数据的上传下载后,都会传经智能网关实现数据联通。作为网关链接,负责将格式不一的信息转换为所有人都能读出的通用的信息。

　　LVC 架构的仿真环境凭借可以互联、互通、互操作的中间件为核心,在试验仿真资源集成使用的基础上,构建 LVC 体系,统一调配使用训练仿真资源,集成实验外设观测仪器设备,集成试验后台大批量计算能力以及统一规划分配不同规格的作战装备,同时用智能网关接入各类其他试验参数,使得各类资源得以集成在一个仿真环境中,进行整体作战系统的对抗试验以及体系装备的实战效果监测等,其架构如图 2.5 所示。

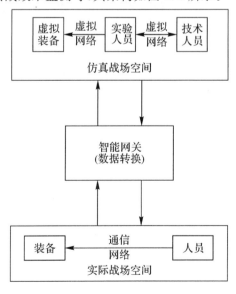

图 2.5　LVC 系统架构

　　总体结构在总结分析后可分解为以下主要几点:①仿真空间与实际战场空间实时同步,使得两者结合,完美达成 LVC 仿真的基础,这是 LVC 仿真系统的基本要素;②实现系统内网络构建完善,虚拟网络与通信网络重合覆盖,虚拟网络确保数据的分析整理不出现差错,通信网络确保信息的收集与传递准确无误,两者共同协调确保系统正常运行;③各类单位对象,实际装备,配备人员等实物对象、虚拟情景,以及其试验人员、模拟装备环境等。成体系的 LVC 系统架构可大致分为应用层、转换层、资源层和支撑层 4 个层次,如图 2.6 所示。

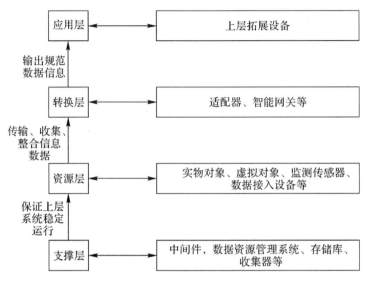

图 2.6　LVC 系统层次

　　应用层主要包括上层拓展设备,用于仿真结果展示、数据监测展示、整体结果评测等,提供开展仿真模拟工作的必备软件;转换层包括适配器、智能网关等,用于将结构格式不同的仿真环境的数据信息资源转换为在本仿真环境内通用通识的标准数据资源;资源层包括实物对象、半实物对象、虚拟推演对象等,以及外设数据传感器和拓展接入设备等资源,是构建仿真环境的基本要素;支撑层包括运行于宽带网络基础上的中间件、数据信息资源管理系统、关键节点数据资源存储库、数据收集系统等,以及相关工具集,用于支持仿真环境运行,并提供针对仿真环境进行在线操作和数据收集的接口。

第 3 章　LVC 总线技术

现代化军队发展的主要特点是实现高度的联合作战,而要构建有效的联合作战体系,需要有一个能够高效训练部队的 LVC 联合仿真系统。目前的联合仿真系统存在消息分发效率低下的问题。本章将基于目前的主流中间件,应用软总线技术对 LVC 联合仿真技术进行优化,设计出一个能支撑起 LVC 仿真系统的软总线,以此达到优化 LVC 联合仿真系统的目的。

软总线是一个开放的系统,同时能保留其原有的独立性,能把不同的组件通过中间件的统一调度,联合起来使用。LVC 是一个分布式系统,需要把大量的组件联合并交互。而现有的解决方案在可调度任务及兼容性方面具有一定的局限性,因此软总线的结构及其特性在一定程度上比现有解决方案更适合用于 LVC 的分布式网络结构。本章通过对 LVC 特点及用户需求的分析,创新性地把以软总线为核心的一系列中间件应用到 LVC 系统中,使之能够更高效地服务于部队使用,进而达到提高部队训练的效果,达到向科技要战斗力的目的。

3.1　LVC 总线技术概述

总线(Bus),是计算或者网络各功能部件之间信息传递的数据通信的通道或者主干线路。狭义地讲,数据总线可以是由导线组成的传输线路,按照计算机通信线路各功能分系统的通信功能,划分为数据通信总线、地址总线和控制总线,这三类总线分别用来传输数据、地址和控制指令。对于微型计算机和个人计算机来说,总线结构主要用于连接中央处理器、内存、外设和硬盘等,总线是各个功能部件之间进行信息交互的通道,外设之间也通过总线进行相应的接口交互。对于 LVC 体系架构而言,总线技术集成不再局限于单机内的外设和接口的信息交互,LVC 技术在美军应用的历史中,总线技术集成各部门已有的 LVC 的终端设备,包括专用的数据通信格式、DIS、HLA 和试验与训练能力体系架构(Test and Training Enabling Architecture,TENA)等,总线数据通信的目的是保证多个系统联合运行,组件综合的模拟训练环境。从物理结构来说,LVC 数据总线需要诸多狭义"总线"支撑。

目前,为了解决联合作战训练带来的诸多实际矛盾,大多数国家和军队希望拥有一个可支持信息化条件下的仿真训练平台,而 LVC 可以实现跨域互操作,因此,设计出一款兼具可靠性、实时性、分布性、协同性以及适应性的,支持 LVC 跨域互操作的分布式联合仿真支撑平台,能够解决当前联合作战训练需求和现实条件下的矛盾,是达成信息化条件下练兵备战目的的有效手段[12]。

使用该平台的优点是可以以实战为背景,为我军设立假想敌去进行必要的战术训练,从而有针对性地提高我军的战斗力。本章的主要任务是使用分布式通信中间件设计实现仿真集成软总线。分布式结构由于其自身的结构松耦合的特点,以至于一般的中间件无法有效地进行消息的分发功能,而软总线则为解决该问题提供了很好的解决方案,因此软总线成了支撑其分布式平台的关键因素,所以本章所结合的背景——LVC 联合仿真训练平台也采用了软总线解决方案。软总线通过软件去定义异构软件系统中的标准接口,从接口层面去统一各个组件和分系统,使得彼此可以以跨域或者跨协议的方式去进行互操作。

在实际的 LVC 联合仿真训练中,参与联合仿真训练的成员(包括实装、模拟器和数字构造兵力)可以在不同的地域空域,期间需要产生大量的战训数据,但这也会出现许多不确定的因素,可能会对联合仿真训练造成较大的影响。因此,设计一个可靠性强、数据分发效率高的软总线是十分必要的。

国外虚拟仿真平台技术研究以美国为代表,早在 20 世纪 80 年代初期已经开始研究,目前已经比较成熟。

(1)SIMNET 程序。20 世纪 80 年代初期,SIMNET 程序由美国国防高级研究计划局(Defense Advanced Research Projects Agency,DARP)资助完成,实现了网络构架下的人在回路、实时、模拟的仿真训练,如可将载人的坦克训练器通过网络连接起来。

(2)DIS 网络协议。20 世纪 90 年代初期,美国将 SIMNET 的体系结构和协议进一步研究,发展了分布式交互仿真(Distrubuted Interactive Simulation,DIS)网络协议。该协议提供数据单元传输实体状态、信息方法等的协议标准,通过广播的方式在仿真网络上发送组包的协议数据内容。

(3)HLA 高层体系结构。1995 年 10 月,美国国防部建模和仿真办公室(Defense Modeling and Simulafioo Office,DMSO)制定的建模与仿真主计划中,提出了未来建模/仿真的共通技术框架,高层体系结构(High Level Architeture,HLA)。HLA 是新一代的分布式仿真协议框架。它是以面向对象的思想和方法来构架仿真系统,划分仿真成员,构建仿真联邦的技术。

1996 年 8 月,DMSO 正式公布了 HLA 的定义和规范。1997 年 12 月,仿真互操作标准化委员会(Simulation Interoperability Standards Organizafion,SISC)接受 HLA1.3 版本为 IEEE 标准草案。经过改进完善,HLA 的规则、接口规范、对象模型模板三项内容已在 2000 年 9 月 22 日被美国电气电子工程师学会(IEEE)正式定义为 IEEE 1516、IEEE 1516.1、IEEE 1516.2 标准。

高层体系结构解决仿真应用之间的互操作问题,降低开发、使用和维护成本,提高建模与仿真领域中仿真器之间的重用性和交互性,尽可能量满足仿真与建模领域中不同类型仿真系统的各种需求。

在 HLA 的支撑平台运行支持环境(Run - Time Infrastructure,RTI)方面,HLA 提供通用的、相对独立的支撑服务程序,将仿真应用同底层的支撑环境分开,即将具体的仿真功能实现、仿真运行管理和底层通信传输三者分离,隐蔽了各自的实现细节,从而使各部分可以相对独立地进行开发,并能充分利用各自领域的先进技术。国外的 RTI 软件主要有瑞典 PitchAB 公司开发的 pRTI,美国 MAK 公司研制的 MAKRTI 等。美国 MAK 公司有网络连接开发工具包(VR - Link),VR - Force(作战仿真平台)等辅助开发工具。

20 世纪 90 年代初期,美国的仿真软件平台以 DIS、HLA、RTI 为主要支撑平台。

(4)TENA。21 世纪,美国开展了试验、训练领域的虚拟仿真平台技术研究,形成了通用训练测试架构(Common Training Instrumentation Architecture,CTIA)、TENA 等系列支撑框架与软件平台,TENA 是最为重要的成果之一,使用范围较广。它为靶场、专业重点实验室与大型基础试验设施等的资源重用和互用提供了有效的解决方案,同时有效支持美国国防部联合国家训练能力(JNTC)与联合任务环境试验能力(Joint Mission Enrironment Test Capability,JMETC)等国家级能力计划。

TENA 是美国国防部作战试验和评估小组在 FI 2010(Founfation Initiative 2010)项目中获得的重要成果,它借鉴了已有的体系结构成果,按照美国国防部的 C⁴ISR 体系结构框架,定义了从系统需求到系统设计的映射。

2005 年底,TENA 推出了集成开发环境 TIDE,2006 年底,在 TENA 中间件原型(IKE1 与 IKE2)基础上推出了 TENA Middleware 5.2.1,2010 年推出了 6.0 版本。

美国 RTI 公司的网络数据分发服务(Network Data Distribution Service,NDDS)已是一个比较成熟的数据分发服务(Data Distribution Service,DDS)产品,DDS 产品的数据分发服务采用发布/订阅通信模型,该产品被广泛应用于陆、海、空、天各个领域。对象管理组织数据分发服务(Object Management Group Date Distibufin Serrice,OMG DDS)规范并没有对数据分发服务的体系结构进行假设,数据分发服务体系结构的设计是实施 DDS 网络中间件的一个先决条件。

(5)GBB(Generic Black-Board,通用黑板)。GBB 是以色列 HarTech 技术公司率先提出和开发的一个核心技术产品,采用内存共享机制来实现仿真数据的传递和共享。该共享内存就像是一个内存数据库,存储着应用程序运行期间所有的应用数据。通过 GBB,能确保所有的应用程序在获得授权后访问 GBB 的共享数据。

3.2　LVC 软件总线

3.2.1　分布式联合仿真系统研究现状

目前,国外的研究现状研究主要是以美军为主,美军从 20 世纪 90 年代开始研究仿真体系结构以来,其发展历程可以概括为三个阶段:

(1)以 SIMNET、DIS、ALSP 为代表的支持同类功能仿真应用互联的仿真体系结构。

(2)以 HLA 为代表的开放、通用仿真体系结构。

(3)以 TENA、CITA 为代表的面向具体领域应用的通用仿真体系结构。

美军在不同阶段时期,根据不同需求,提供了上述仿真架构数字构造。由于需求的不同特点,该架构基于 L(Live,实装)、V(Virtual,模拟器)、C(Constructive,数字构造)的资源整合问题,例如 TENA 是基于实验训练的,所以它主要解决 L 域整合问题,随着 LVC 技术的发展,它们之间的界限变得模糊。今天,任何系统的结构都支持在不同域同时集成 L、V 和 C 资源。

由于上述仿真架构很好地满足了所有服务行业的需求,它们并不代表自己,并创造了多种架构并存的现状。美国国防部分析了不同系统架构的使用情况,结果如下:ALSP 低于 5%,DIS 占 35%,HLA 占 35%,TENA 占 15%,CTIA 占 3%,其他体系结构大概占 7%。

当前,从国内外文献和技术资料来看,美军现行已久的 DIS 和 HLA 是当今使用最为广泛的,也是最为军方认可的技术方案。考虑到应用成本和产出率,美军目前对于 TENA 和 CTIA 的使用频率相对较低,但越来越多的军方用户谨慎考虑是否使用。这种架构中使用的技术和系统不同,它极大地影响了基于不同架构的系统的交互以及具有根本性挑战的网络环境中的数据交互通道的组合仿真。针对这种发展现状,美军司令部以 200V - LVCAR(LVC Architecture Roadmap)的形式提出了美军基于 LVC 一体化联合作战训练架构路线图,旨在规划和实施分布式仿真数据交互和 LVC 模拟训练的下一代架构。此外,国外一些研究机构和公司在 LVC 仿真架构方面做了大量研究,并提出了重要的合作建议,如 OpenMSA、OSAMS、Condor 等。

联合仿真试验平台属于典型的分布实时系统集成,国内也做了大量该领域的研究工作。例如,国防科学技术大学仿真实验室研制的 RTI,已经在国防科研单位大量使用。

现在无论是国内还是国外,对于大型分布式系统的集成,通常还是使用 HLA 标准的 RTI,但是对 HLA 的仿真时间并未做过多的研究,只需要消息事件的逻辑是正确的,数据交互是可靠的即可,并不能满足对实时性有严格要求的系统。

3.2.2 软总线

软件总线(也称软总线)不同于常规意义上的总线,它是虚拟的,是一种为了完成特定任务而抽象出来的软件概念,是分布式系统通信中间件技术的一种。其设计目的是实现一个标准的、通用的软件和数据接口,让各种不同特性和功能的程序构件(接口标准化的软件模块称为软件构件)能使用同一个接口,并共同使用同一个网络上的硬件或数据资源。软件总线的概念源于公共对象请求代理体系结构(Common Object Request Broker Architecture,CORBA)规范,指的是一组独立于语言和 Runtime 的接口规范,通过遵循这些接口规范,组件之间可以实现相互通信,共同完成特定的客户任务。

这个概念的工程应用最初是一些互联网公司,它们实现了跨计算机语言、操作系统,将各个标准化的程序通过软总线这个纽带联系起来,提高了程序开发的效率,实现了网络上任务的即插即用。市场上主流的微软的组件对象模型(Component Object Model,COM)、国际商业机器公司(Internafional Business Machines Corporation,IBM)的决策支持操作和维护(Decision Support for Operations and Maintenance,DSOM)以及对象空间(Object

Space)的 Voyager 有着成熟的网络中间件设计经验,基本可以实现硬件平台、操作系统、编程语言和通信协议的异构化。

国内也有很多科研学术机构围绕这一概念开展了一系列研究:电子科技大学的谢志华基于软总线的思想,研究设计了一种可重构的自动测试系统模型,采用规范化的通用接口使得测试软件可重用,增强自动测试系统的通用性;南京航空航天大学的周星宇基于 Vx Works 操作系统,围绕飞行器控制系统特点,设计了一套软总线的软件架构,降低了飞控系统中各个软件模块的耦合度,使飞行器控制软件的开发过程标准化;哈尔滨工业大学的闫瑞东围绕组件的热插拔特性,通过模块化的思想设计可重用软件库,建立了采用软总线思想的卫星姿态控制模型,缩短了卫星姿态软件的开发周期,降低了研发成本,提高了系统的可靠性。

3.2.3　现有技术的不足与局限性

在 LVC 分布式联合仿真系统(见图 3.1)中,通过仿真发现,大多数互操作强的集群对抗任务存在消息分发效率低下、占用内存大、耦合度较高的特点,不能适应 LVC 的高消息吞吐量。当 LVC 系统有高并发事务时会有明显的卡顿,这在基于 LVC 系统的军事演习训练中是致命的,因为在军事演习训练中要求要有极高的时序统一性。LVC 是有实装参与的分布式联合仿真系统,既有实装参与,也有虚拟装备的参与,但凡有一点卡顿或是时序不统一,将可能会对实装造成不可逆的毁伤,再者也不能体现出应有的训练效果。

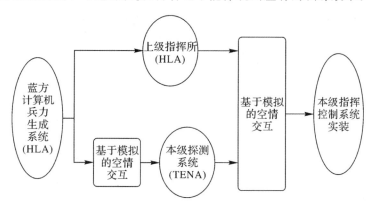

图 3.1　LVC 分布式联合仿真系统

3.3　LVC 软总线设计

软总线是整个分布式联合仿真系统的关键技术,因此为了更好地体现和明确软总线在整个系统中的应用思路,本章将对软总线的总体架构进行设计,并针对 LVC 的特点有针对性地选择合适的中间件。

3.3.1　软总线特点

软总线为整个系统和组件提供了透明的服务,也为各个组件提供了统一的集成机制,各个构件只要遵循总线的接口规范即可实现"即插即用",整个系统可真正实现"万物互联"。软总线具有以下 4 个特点。

(1)开放性。开放性是软总线的一个显著的特点,也是软总线的标签。开放性是指可以开放一个环境或者接口,使一个对于已有平台而言完全陌生的应用软件甚至是其他领域的工具都可以非常轻松地集成到现有的平台上而不需要有太多的繁杂的操作。在软总线模型的设计过程中,需要充分注意到其与 LVC 的结合度,选取合适的中间件及互操作过程的机制模式。在分布式架构系统中应用软总线技术,需要对分布式架构下的应用软件进行一个定义,此时可把分布式架构下的应用软件定义为器件,在分布式架构下任意两个器件通过软总线进行交互。在交互时,中间件会把发送端和接收端初始化为一个发布者和若干订阅者,对于发布者,仅需要把消息发送出去即可,对于订阅者,需要其监控中间件内发布者状态的变化。软总线则是把两者连接起来的一道消息"桥梁",让两者实现互操作。与此同时,软总线也使用通信协议确保通信的安全性和稳定性。

软总线系统的开放性表现为当使用者需要添加新的器件时,仅需要设计新器件对应中间件统一的接口标准即可实现在软总线上注册使用。而对于整个系统而言,仅需要进行微微的调整升级甚至是完全不需要任何升级便可以满足新器件的使用,是否需要升级系统则取决于原有系统能否满足新器件的性能需求。当出现新器件功能与系统与某一个旧器件具有十分类似的功能时,系统不需要进行升级即可实现对新器件的支持。总而言之,系统是否需要升级并做出调整取决于原有系统提供的功能集合中能否涵盖新器件的性能指标和要求,而非取决于新器件是否陌生。

(2)可扩展性。可扩展性指的是软总线可以便捷地增加自身的协议和功能。软总线系统设计了一套应用与可扩展消息配套的互操作机制以及透明的消息分发模式来保证系统的可扩展性。

软总线系统的可扩展消息协议是一种层次化、面向对象和具有封装结构的消息协议,利用该协议可进行消息的标签化处理,因此,软总线系统具有随时扩展消息层次、结构和内容的功能,同时扩展的内容不会对原有消息的层次结构及内容产生任何影响。

软总线系统使用的是一个透明的转发机制,该机制可使得软总线系统能够进行局部更新而不影响全局。例如应用在 LVC 系统中时,某型装备请求挂载武器注册到软总线上时,软总线仅仅需要把该新注册的武器信息更新到该某型装备的服务器中即可,而不需要进行整个系统的更新。扩展消息具有随机性和一定的稳定性,随机性在于软总线服务器对消息的识别能力有限,稳定性在于新扩展的消息不会破坏原有消息的层次结构及内容。因此,软总线处理消息时若是出现未能识别的情况,则会保持原有状态进行转发,这就是软总线服务器的透明转发机制。

可扩展互操作机制是一种在消息协议可扩展性基础上支持动态灵活的添加新的互操作

过程的机制。该机制的消息只负责传递数据和含义,而互操作过程则是在器件端中间件的互操作层和应用层完成。

(3)智能化。软总线的智能化特点体现在其可为源器件智能匹配合适的目标器件,即可为已在软总线上注册的源器件提供寻找目标器件的服务。当某一源器件在软总线上注册时,软总线会为其生成一个集合所有已注册器件的状态表,该状态表包含每个器件的状态信息,如器件的种类、当前状态等。当器件需要通信时,此时软总线系统处于"发"状态,源器件会向软总线发出需要建立通信关系的请求,软总线即开始为其根据状态表寻找合适且空闲的目标器件,找到目标器件后,软总线为二者建立通信关系,并将源器件的请求消息转发给目标器件。

(4)自动化。自动化为软总线的一大特点,其含义为:软总线可以自动控制器件和器件间的交互。该自动化与智能化相适应,可以是全手动控制交互,亦可以是半自动,甚至是可以全自动。自动化软总线的关键技术在于器件的中间件与器件间的交互设计。但自动化有特定的条件,其一是器件要和软总线实现对话和已注册,其二是目标器件可以实现被动执行也就是说器件本身有提供给外部程序对其进行操作的交互接口。该特点大大增加了软总线的适应性,使其可以根据任务的不同由软总线自主匹配最适应的器件,亦可根据用户需要选择全手动和半自动交互的方式。

软总线的特点决定了其适合用于 LVC 网络。开放性的特点可以为 LVC 网络增加兼容性,当 LVC 需要增加一个陌生的组件时,该特性可以使陌生组件非常容易地集成到现有的平台上。对于整个系统而言,对系统做出微调便可实现对新组件的使用需求,而不需要像传统中间件那样需要对整个系统进行升级,这非常适合需要时常增加新组件的网络结构。可扩展性的特点使 LVC 网络具有局部更新的能力,该可拓展性能使 LVC 网络增加新的组件时进行的消息拓展不会破坏原有的消息层次、内容及结构。智能化的特点可使 LVC 实现其功能时更加快速、精准,当 LVC 网络需要通信时,软总线可自动寻求空闲组件为其建立通信关系。自动化是软总线的一大特点,在 LVC 网络中常常会根据作战的需要,对网络上的组件进行操作。软总线可提供的三种操作模式可大大增加 LVC 在演习训练中的可操作性和战场要素随机性。

综上所述,软总线的开放性、可拓展性、智能化、自动化的特点,决定了软总线的适用范围,也决定了其适用于 LVC 网络。

3.3.2　面向 LVC 的软总线框架设计

面向 LVC 的软总线框架示意图,如图 3.2 所示,LVC 三个域分别以相同的方式连接在同一个用于通信的软总线上,与软总线定义相仿。

在 LVC 网络中,"L(Live,实装)""V(Virtual,模拟器)""C(Construction,数字构造)"三个域对应含义如下:

L 域:真实场景下真实的人操作真实的装备,例如飞机、舰船等。

V 域:真人操作虚拟系统,例如飞行模拟器、电子战威胁模拟器等。

C 域：仿真场景中仿真人物使用仿真装备，人物和装备由计算机生成，根据软件规则运行，而不是人指导，例如半自动化部队（Semi Automated Forces，SAF）与计算机生成兵力（Computer Generated Forces，CGF）等。

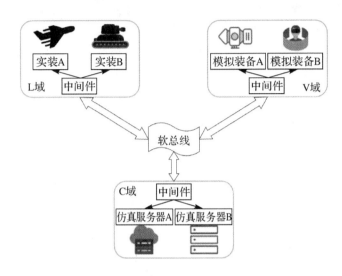

图 3.2　面向 LVC 的软总线框架示意图

在各自的域内，有一个用于交互的中间件，该中间件与软总线直接进行交互，且该中间件同时也担任着消息发放的角色，与域内各种组件进行直接交互。该中间件将会按照 LVC 统一时序把消息统一分配到各个组件中。这种设计就可以把 LVC 不同域内的若干组件建立对话关系，从而实现跨域互操作，实现实装、虚拟装和计算机仿真环境的演习训练工作。

3.3.3　总体框架设计

总体框架设计是 3.3.2 节面向 LVC 软总线框架设计在接口层面的细化，如图 3.3 所示，下面将对此设计进行解释。在该框架下，器件 A 和器件 B 可以是 LVC 三个域内的任何一个器件，分别对应协议 A 和协议 B 两种消息格式。该过程的消息发送和接收是一个互逆的过程，在图 3.2 中表现为镜像对称。首先以器件 A 为发送消息端举例说明，当用户有器件 A 和器件 B 交互的需求时，会向软总线服务器发送交互请求，接下来就是器件 A 在协议的控制下通过中间件上的器件交互接口与器件中间件交互，消息加入中间件的消息队列中，按时序通过总线通信接口发送软总线的消息队列中，此时消息会加入软总线服务器的总线中间件的消息队列中，总线中间件通过消息过滤模块对消息进行数据规范化和可用化的处理。此时两器件的数据格式不统一且无法直接进行使用，这里设计了一个协议代理，该代理可以解析协议 A 和协议 B，当需要交互时，双方可把消息数据传到该协议代理，而后在该协议代理内使用统一格式的消息数据进行交互，由此便解决了因消息协议不同而无法交互的问题。

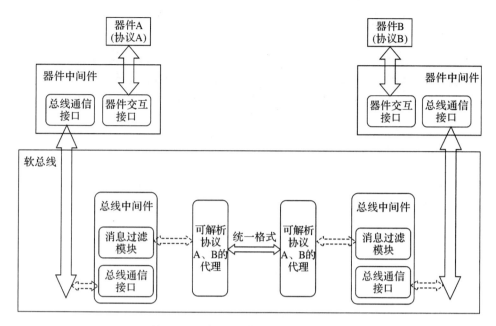

图 3.3　面向 LVC 软总线接口连接关系

3.3.4　框架内中间件选择

　　LVC 这种分布式的网络结构系统相对来说是非常强大的,少则由数百台计算机组成,多则上千台。换言之,其数据吞吐量也是非常大的。更进一步来说,从系统进程角度分析,将两个以上的进程分别在两台以上的计算机上运行,并且互相协作完成同一个应用或功能,这种协作的方式称为"分布式"。但分布式系统的机制相对单机来说复杂度大大增加,进而带来了很多相关问题。其中最突出的问题就是如何解决在分布式结构之下数据吞吐量巨大的问题。消息队列中间件就是为了解决该问题而诞生的,它可以解决在数据传输过程中出现的诸多问题,例如应用耦合、异步消息、流量削峰等问题。在各种分布式架构的系统中,它可以帮助系统达到高性能、高可用、具有一定伸缩性和一致性的架构,因此,消息队列服务器在分布式架构中十分常见。

　　分布式消息队列的特点主要有:

　　(1)速度快、高吞吐量、分布式、多分区;

　　(2)支持动态扩展;

　　(3)将数据保存到硬盘并保留副本,防止数据丢失;

　　(4)支持多组件;

　　(5)支持 Online(实时数据交互)和 Offline(离线交互,比如数据定时发送等)的场景。

　　分布式消息队列面向 LVC 的应用场景有以下 3 种。

　　(1)通过异步处理提高系统性能。在不使用消息队列的系统中,用户发出的请求数据和消息会直接传到组件服务器,若此时需要发送的数据量剧增会令组件压力剧增,从而造成系统响应缓慢,甚至造成卡顿、不工作的情况,用户不能及时获得响应消息。在使用消息队列的系统中,会在应用服务器和组件服务器间加入一个用于缓存消息的消息队列服务器,再从消息队列服务器发送数据到组件服务器。在数据高并发的情况下,应用服务器发送消息到消息队列服务器,组件服务器作为消息队列消费者从消息队列获取消息,再异步写入组件。因为消息队列服务器的伸缩性比组件服务器要好,且写入速度也快于组件服务器,所以该方式可大大加快系统的响应速度,提高系统性能。

下面将以 LVC 战训时武器发射消息在软总线上传输为例说明。对于软总线内的大多数的应用,在组件发送该武器发射的消息后,都需要给判定系统发送命中反馈消息和给敌方发送武器发射信息。传统的做法有两种:

1)串行方式:将发射消息发送到软总线服务器,待发送成功后,给作为判定系统反馈命中信息,再给敌方发送武器发射信息,如图 3.4 所示,这种方法采用数据串行方式交互,响应缓慢,效率低下。

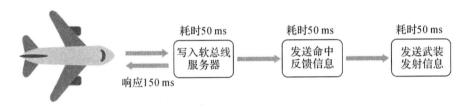

图 3.4　软总线体系的串行方式

2)并行方式:将发射消息发送到软总线服务器,成功后,给判定系统发送命中反馈信息的同时给敌方发送武器发射信息,如图 3.5 所示。该方式与串行方式对比,并行方式可以提高处理的效率,但是该方法显然违背逻辑,故不可行。

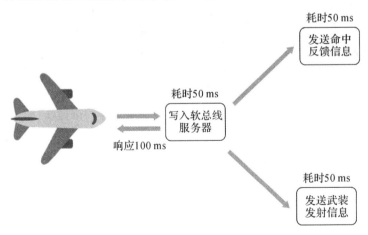

图 3.5　软总线体系的并行方式

接下来,将消息队列引入该应用场景:我方发射武器时,将该消息直接发送到软总线服务器,而后服务器将该信息写入消息队列服务器,然后立即返回响应,而不是给敌方和判定系统发送信息后再进行响应,最后消息队列根据 LVC 统一的时序对消息进行分配或是敌方服务器和判定系统分别异步从消息队列中获取信息,如图 3.6 所示。从图 3.6 中可以看出,与前面阐述的两种传统方法相比,这种加入消息队列服务器的方法的响应时间被极大地缩短。

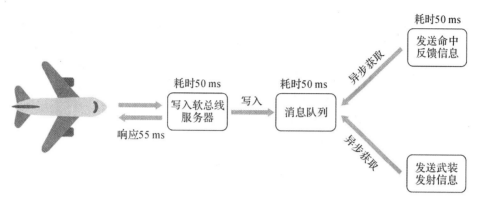

图 3.6　软总线体系的消息队列传输方式

(2) 应用解耦。以武器对敌进行密集火力打击为例,如图 3.6 所示,在传统紧耦合的场景中,我方对敌进行打击,软总线系统收到来自用户发来的消息后,会立即发送武器发射信息给敌方平台。

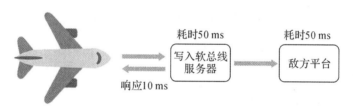

图 3.7　软总线体系的消息解耦方式

上述模式存在巨大的风险:①若敌方平台无法访问(通信不畅通、故障等),则敌方平台接收信息失败,从而导致整个武器发射过程的失败;②若发生诸如武器密集发射等高并发事件的情况,频繁查询或发送消息给敌方平台,会造成平台系统负载极大,又可能会出现高延时或者故障。

在引入消息队列后,让两个系统解除强耦合性,则处理流程也发生相应的积极变化,如图 3.8 所示。在我方武器发射后,将该消息写入消息队列中,随即返回响应,此时用户便可认为发射成功。消息队列提供异步协议,消息将会保存在消息队列中,直到被接受者取出。采用该种消息队列的方式使系统解耦合,使其内部各个过程具有一定的独立性,不会因某一过程的故障导致整个应用的故障,增加了应用的可维护性及可移植性。

(3) 削峰作用。LVC 网络是一个数据传输量巨大的嵌入式训练系统,服务器数据吞吐量常常会出现不同程度的高峰,当出现诸如武器密集发射等高并发事务时,来自用户的请求量超过系统性能导致其不能及时处理时,如果系统没有相应的过载保护措施,可能会因为数据流量拥挤而出现故障。这时引用消息队列,如图 3.9 所示,消息队列通过异步处理有较好的削峰作用功能,缓解短时间内高流量的压力:

1)当出现诸如武器密集发射等高并发事务时,分布式软总线系统可通过消息队列在短时间内将高并发事务消息存储到消息队列服务器中,然后做出响应。

2)高并发事务接收者再根据消息队列中的请求,再进行后续的处理。

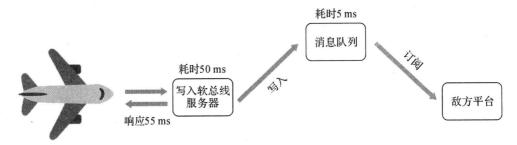

图 3.8　系统解除强耦合性示意图

图 3.9　系统解除强耦合性示意图

削峰作用如图 3.10 所示,在负载压力方面,调用了消息队列进行异步处理明显比直接调用的峰值要低。

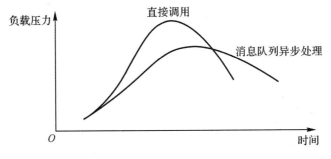

图 3.10　削峰作用

第 4 章　LVC 数据分发服务设计

第 3 章介绍了面向 LVC 网络的软总线设计及其如何在 LVC 网络里实现,本章将着重对软总线内数据分发服务进行介绍,包括为何选择分布式的架构和面向 LVC 网络的发布-订阅模型的设计。

4.1　分布式架构

数据分发服务是对象管理组织(Object Management Group,OMG)提出的软总线标准,是分布式实时的网络中间件。数据分发服务是任何一个需要进行网络数据交互的系统的不可或缺的服务,也是网络数据交互的核心底层技术,其有着可靠度较高的数据传递功能,与传统技术相比,其通信能力是传统技术不能比拟的。

LVC 网络是一个典型的分布式网络系统,是以网络层面为基础而建立的软件系统,其特征体现为有高度的内聚性和透明性。而数据分发服务就是为了解决分布式网络数据交互而诞生的。分布式网络系统的内聚性具体表现在系统中的各个节点都有着高度的独立性,有管理内部数据的权限,通常建立有内部独立的数据库;透明性则是指系统中的各个节点的数据对外开放,外部应用可以通过网络的交互获取节点内部数据,但是用户不能得知数据获取的途径。

选择分布式架构的原因有以下几点:

(1)高可拓展性。因为在 LVC 网络的应用中,域和域之间的节点需要经常进行频繁交互数据,且在演习训练中常需要添加各种装备来加强演习训练中的现实感,所以决定了 LVC 网络需要有更高的可拓展性的分布式架构。

(2)故障隔离。在有高拓展性的同时,不能因为单一节点的故障影响到整个演习训练的进行,而分布式架构具有故障隔离的优点,所以分布式架构比集中式架构更加适合 LVC 网络。

(3)网络负载小。在 LVC 的各个节点与组件的数据交互中,分布式架构使其仅仅需要把数据传递到中间件即可,各个消息通道不需要点对点地传递消息到特定用户,这就降低了分布式网络系统内的通信资源负载,避免了出现网络堵塞。

4.2　发布-订阅模式

　　在 LVC 网络中是一个分布式的网络系统,该网络系统的结构是一对多的依赖关系。按照传统的方法,就是将一个宏观的系统分割成一系列可用于相互协作的对象,而这一系列的可互相协作的对象就需要有另一个专门用于维护其相应对象一致性的一个系统,这种做法会给原有系统带来繁杂的系统结构,同时也可能因为耦合度高造成故障传递的风险漏洞,这样会给系统的维护性、拓展性带来消极的影响。显然传统的做法不适用于 LVC 这种分布式结构的网络。

　　当系统中的一个对象需要做出状态调整,同时需要系统内的其他对象也需要根据前一对象的调整而做出相应的改变,且它不清楚具体有多少对象也需要做出相应的改变时,就可以使用发布-订阅模式。

　　发布-订阅模式是软总线的主要工作模式,是一种依赖信息中介的一对多的消息传递模式,在该模式下存在有多个监听者(Subscribe)和一个发布者(Publish),多个监听者根据发布者的状态变化而调整自身状态的一种模式,同时也是解耦合的过程。在不使用该模式时,软总线系统上各个器件相互间都有着关联,彼此受着彼此状态的影响,即当某一器件状态发生变化时也会影响与之有着关联的器件,该种彼此相互关联的状态称为耦合。而发布-订阅模式就是一个解耦合的过程,使器件封装在独立的对象中依赖抽象而非具体,相互间不会受彼此影响的同时,也令每个器件独立起来相互不知对方的存在,甚至是让发布者也不知道订阅者的存在。

　　发布-订阅模式能降低耦合度的关键是在发布者和订阅者中间加入了一个可按 LVC 网络统一时序分配消息的中间件也称为调度中心(该中间件在第 3 章已经叙述过,为消息队列服务器),如图 4.1 所示,该中间件维持着发布者和订阅者之间的联系,也会对消息进行规范化和可用化的处理,对消息进行一定程度的过滤,而后,将发布者发送的消息进行统一的调配分发给订阅者。该中间件对上是接收发布者发布的消息,对下是接受订阅者的监听行为,再通过 Fire event 函数实现对消息的统一调度。

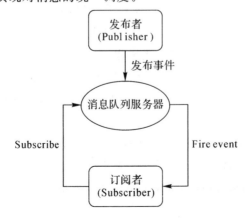

图 4.1　发布-订阅模式示意图

由此可得出选择发布–订阅模式的原因：

(1)发布–订阅模式的一对多消息调度特点适合用于 LVC 的分布式网络。

(2)发布–订阅模式的松耦合度可使 LVC 网络在非常时期实现故障隔离，不会出现不可挽回的损失。

4.3　域

在第 3 章中介绍过在 LVC 内的三个域，分别是 L 域、V 域和 C 域。域是应用程序在物理通信网络上的逻辑划分，只有处于相同域中的数据分发服务节点才能交互数据。每个域都拥有且只有一个唯一用于表明身份的全局变量(Domain ID)。若一个组件想要加入该域内，则需要创建一个对象，该对象称为域参与者(Domain Participant)，创建的这个对象必须包含该个域的 Domain ID，表明该域参与者所在的域。域参与者是创建、删除和管理数据分发对象的核心。在 LVC 网络中，域是一个相对独立的逻辑划分，在同一个域内的组件可以进行战训数据交互，而跨域的数据交互则要通过软总线实现。

4.4　面向 LVC 的发布–订阅模型设计

某模型为发布–订阅模式在 LVC 网络中的具体应用模型，如图 4.2 所示，即面向 LVC 的设计。下面将介绍该模型的设计。4.2 节已经对发布–订阅模式进行简要的介绍。发布–订阅模型中有两个最重要的对象，就发布者和订阅者，因此该面向 LVC 的模型中，就选择了 LVC 网络中的两个对象作为例子说明，分别是 C 域的仿真构造服务器和 L 域的实装终端，而实际上，该发布者可以是 LVC 网络中三个域的任意一个组件或者节点，当然，发布者和订阅者也可根据用户的需求进行对调，或是一个发布者面向多个订阅者。因为 LVC 网络在实际使用中，经常需要有各种战训数据的共享，所以这种动态发布–订阅模式非常适用于 LVC 这种分布式的网络结构。

图 4.2　发布–订阅模式具体应用模型

在该模型中，作为发布者的仿真构造服务器发送仿真数据到作为中间件的消息队列服务器，然后消息队列服务器返回响应，接着作为订阅者的实装终端再根据消息队列统一时序从消息队列中获取仿真数据。其工作流程如图 4.3 所示。

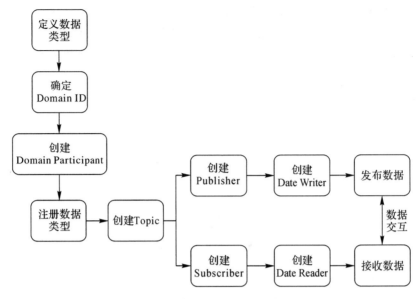

图 4.3   发布-订阅模式工作流程

4.5   通信过程设计

在软总线系统的通信中,一个通信过程可拆分为无数个元过程。元过程是宏观上的过程细分为一个不能再细分的单元过程,即为过程的最小单位。任何过程都可以用若干个元过程来表示,即任何一个复杂的过程都是由无数个简单的元过程组成的。任何一个元过程都有其自身的独特性,就其功能而言是独一无二的一个过程。每个元过程都不能被另一个元过程取代。同时元过程又是简单的,功能非常单一且易于实现。就相当于一台复杂的设备,过程相当于设备中的一个部件,元过程相当于设备中的零件,此时若干个部件又通过一定的方式和规定,组装成一个可以完成任务的设备。在软总线的数据分发过程中,将其需求细分为一个与元过程对应的细分到不能细分的需求,元过程则是该需求的解决者。软总线上的过程可分为应用过程和元过程两种,元过程包括会话过程和互操作过程。此时软总线数据分发服务的对象有三个,分别是用户、器件和软总线。

对比两类元过程,会话过程相对处于底层,由软总线服务器对其进行处理,互操作过程相对处于上层,由器件对其进行处理。不难看出,会话过程是支持互操作过程的"下一层",而互操作过程又给予处于上层的应用过程以支持。会话过程是基于处于底层的软总线层设计的,其目的就是为上一层的器件层服务,器件层基于软总线层提供的会话过程服务进行器件间的交互,从而进行互操作过程。

会话过程虽然是一个由软总线服务器处理数据的底层过程,但其是为了面向器件而设计的,主要目的是维护器件的会话状态,为互操作过程奠定稳定关系的基础。互操作过程的关键是帮助两个不同的器件建立会话关系,从而实现两器件的互操作,会话过程从底层为其提供帮助,维护两器件的会话状态。互操作过程是用户使用应用的核心过程,其主要是面向功能设计的。"互操作"顾名思义就是双方对对方相互有操作工作,放在软总线过程上就是两个不同的器件对彼此"互操作"。互操作过程在软总线上实现时,会为器件双方提供一个"功能集",该"功能集"的实质是软总线上对应功能的函数的集合。在"功能集"里,每个功能会有且仅有一个对应的函数,每个函数对应一个过程。当上层的用户需要实现一个应用时,只需发出指令按特定的顺序调用"功能集"中的函数即可实现该应用。

应用过程是一个应用从接收到用户指令后到完成该应用时的全过程,是一个完整的应用,其是面向用户、为用户提供完整意义上的应用而设计的。

软总线执行一个应用可分为开始阶段、互操作阶段、结束阶段三个阶段,接下来分别叙述。

(1)开始阶段。当用户需要实现某一应用时,会向软总线服务器发出使用请求,在服务器接收到请求后,会根据应用需要选定与应用高度相关的器件 A 和器件 B,而后器件 A、B 分别向软总线服务器请求建立会话关系,得到服务器回复后建立关系进行会话,至此开始阶段完毕。

(2)互操作阶段。互操作阶段是整个应用执行过程的核心部分,也是应用过程执行的阶段,其过程为:开始阶段结束后,由器件 A 或器件 B 向对方发起应用过程的请求,而后器件 A、B 相互确认后执行互操作过程,即根据需求按特定顺序依次调用"功能集"上的函数,至此该阶段完毕。

(3)结束阶段。执行该阶段时应用已经实现,剩下的就是把软总线的各个部分恢复到执行应用前的初始状态,以释放软总线上的资源。其具体程序为:当应用已经完成用户的需求,软总线服务器发出结束的指令给器件 A、B,而后器件 A、B 分别向软总线服务器发出释放资源的请求,得到服务器的回复后,恢复至初始状态。用户请求应用过程的器件流程如图 4.4 所示。

4.6　软总线系统协议

软总线系统的消息协议是一种经过封装的协议,其具有一定的封装结构,是一种面向对象和具有层次化特点的协议。消息协议的语法都是基于可扩展标记语言(XML)标准的语法,在此同时,该语法拥有更为严格的限制。

软总线系统的消息协议一般由消息的结构和消息的内容组成,消息的结构即为理解消息的思路,而消息中的内容是表达了消息的具体动作和动作的含义。前面的章节已经具体介绍了软总线的特点,其最大的特点就是具有较强的可扩展性,基于这一重要的特性,消息协议采用 XML 标准作为消息的结构标准,可以最大限度地把可扩展性的特点展现出来,在开发器件时,开发人员可以决定器件的具体内容。不仅如此,采用 XML 标准也是因为其有着高度的结构化特点,该特点也决定其具有很强的可扩展性。

软总线消息协议的一般结构如下,"..."代表具体的内容,"[]"代表可选内容,"???"代表具体数据,其余符号均遵循 XML 的使用标准:

```
<message><! --消息根标签--.>
<session><! --会话层结构标签-->
    <I2U value="???"/><! --I2U 和 U2I 标签均为会话编号-->
    <U2I value="???">
    <progress><! --互操作层结构标签-->
        <name value="???"/><! --过程名-->
        <type value="???"><! --过程类型-->
        ...
        </type>
        [<application><! --应用层结构标签-->
            <name value="???"/><! --应用过程名-->
            <step value="???"/><! --步骤编号-->
        <application>]
    </progress>
<session>
</message>
```

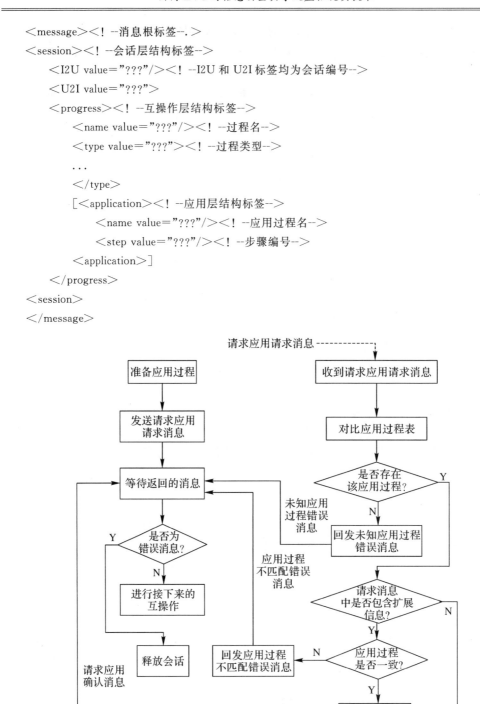

图 4.4　用户请求应用过程的器件流程

　　从消息结构可以看出,消息的结构是与软总线系统的层次结构具有高度的相关性,并一一对应。因为软总线系统的消息协议是面向对象的,所以消息是由下而上一层一层地被封装起来的,即 application＜progress＜session＜message,在软总线中 application 标签对应的是应用层,progress 标签对应的是互操作层,session 标签对应的是会话层,application 为最底层,message 为在外层,由此一层一层地装起来。

4.7　仿真环境与实验验证

为了测试本章方案实现的可行性,故此处使用个人笔记本电脑 1 台,在 Python3.9.5 编程环境下搭建软总线进行仿真验证,仿真环境见表 4.1。

表 4.1　仿真环境

仿真平台	仿真方法	仿真环境	编程语言
个人笔记本电脑 1 台	使用编程语言进行仿真	Python3.9.5	Python

本章的仿真将使用 Python 语言进行编程,搭建一个广义上的软总线,同时使用发布-订阅模式作为消息分发模式,测试验证本章方案的可行性。由于条件受限,因此本次验证仅对方案实现的可行性进行验证,并未进行软硬件结合方式的验证。该代码是基于发布-订阅模式的思想编写的,以字典作为中间件,实现发布者向中间件传递消息,订阅者从中间件调用消息。

以下为用于验证的代码设计:

```
from collections import defaultdict
```

该段为从 Python 库里的 collections 模块中调用一个字典子类,为后续编程提供容器。该容器可视为软总线中的中间件。

```
class Exchange(object):
    def _ _init_ _(self):
        self._subscribers＝set()
    def attach(self,task):
        self._subscribers.remove(task)
    def send(self message):
        for subscriber in self._subscribers:
            subscriber._send(message)
```

该段定义了一个软总线交换机的集合,并创建一个初始化对象,进行类的初始化工作。第一节使用 init 语句进行类的初始化,并创建空集。第二节定义器件在软总线上注册的函数,在下面的语句中可调用该函数即可完成器件在软总线服务器上的注册。第三节为定义器件在软总线服务器上注销的函数,以下语句中调用该函数即可完成器件在软总线上注销的工作。第四节为定义发送消息的函数,当软总线上的发布者发生状态的变化时,即会调用该函数把状态发送给订阅者。

```
_exchanges＝defaultdict(Exchange)
```

该函数是为了初始化一个变量,用于存放器件消息和器件名,对应的是软总线上的中间件。

```
def get_exchange(name):
```

```
        return_exchanges[name]
```
该段是定义获取字典里的交换机的域名的函数。
```
class Task(object)：
    def send(self, message)：
        print(message)
```
该段为定义发送消息的方式的函数,在调用上面说到的消息发送函数时会同时调用该函数。
```
task1＝Task()
task2＝Task()
exchage＝get_exchange("message")
exchage. attach(task1)
exchage. attach(task2)
exchage＝get_exchange("message")
exchage. send("你好")
exchage. detach(task1)
exchage. detach(task2)
```
该段创建了两个订阅者对象,接下来开始获取字典中交换机的域名,并在该交换机上分别进行注册。注册完毕后订阅发布者 Subscriber 的消息。在完成消息的传递后,订阅者进行在软总线上的注销工作。至此完成一次软总线消息分发过程。

从上述仿真试验及其结论不难看出,LVC 系统有着高数据吞吐量、消息事务高、并发状态多等特点,同时要求系统容错率小,消息可靠度高、延迟低。针对 LVC 系统的诸多特性和 LVC 的军用性质及使用受众的特点,本书大胆地将软总线技术运用到 LVC 系统中进行数据分发服务。实现 LVC 系统的普及对于我军迈向现代化是有决定性意义的,该系统能使我军训练演习效果提高到另一个高度,但目前我国的 LVC 系统尚在一个起步阶段,有很多方面亟待完善,因此本书提出利用软总线技术对 LVC 系统进行一个优化。

在本书中,第一,是对系统整体框架进行一个大致的分析,完成了软总线与 LVC 系统结合的初步设计构想。第二,在接口层面对 LVC 软总线设计进行细化,选择了合适的中间件——消息队列服务器,并对消息队列的作用进行了介绍。第三,设计了基于发布-订阅模式的 LVC 系统的消息分发模式,并优化了通信流程。第四,通过查阅资料,采用 XML 标准作为消息的结构标准作为消息协议格式,实现软总线的可扩展性。最后,对本书的设计架构思路进行仿真,验证方案实现的可行性。经过验证,该方案在特定的情况下具有实现的可行性,该方案仍然是在合理猜想的前提下提出的,虽然具有一定的可行性,但由于受限于 LVC 模拟训练系统的联合仿真环境,该设计方案的数字蓝军、数字红军、飞机、武器等模型均采用数字构造,未能从底层入手进行设计,以至于该方案离实际 LVC 仿真环境仍有差距。

4.8　LVC 总线技术总结与展望

本章主要介绍了面向 LVC 的发布-订阅模型的设计,首先从分布式架构开始介绍,分布式架构是软总线的基础,是网络数据交互的系统的不可或缺的服务,也是网络数据交互的核心底层技术。4.1 节提出了分布式架构的内容,为后续理论研究奠定了基础。4.2 节主要介绍了发布-订阅模式的特点及其应用的场景,发布-订阅模式是软总线系统数据分发的核心模型,具有十分重要地位。4.3 节主要介绍了域的概念,在 LVC 网络中,存在着三个域的划分,分别是 L 域、V 域和 C 域,三个域之间需要互相通信实现跨域互操作。4.4 节主要介绍了发布-订阅模式和面向 LVC 系统的发布-订阅模式的设计,该设计是结合了 LVC 系统的特点和发布-订阅模式的特点而设计的,适合类似 LVC 网络这种分布式网络的应用,本小节也是全文的核心部分。4.5 节主要介绍了软总线的通信过程,主要是把一个通信过程细化为一个元过程,若干个元过程组成一个完整的面向用户的过程,以及介绍了软总线实现通信的三个阶段。4.6 节主要介绍了软总线中的通信协议,是一个面向对象的具有层次化特点的封装协议。4.7 节通过仿真验证了本章方案的可行性。

第5章　混沌伪随机序列发生器的设计

　　LVC 系统数据安全作为 LVC 模拟训练技术应用的一个关键环节,在实战化作战条件下是制约 LVC 建设和发展应用的一个关键因素。LVC 系统网络内存在海量的涉及装备技术状态、控制指令、指挥信息等核心数据,特别是在 LVC 体系网络运用中的跨域场景,信息流转和交互需要跨域进行有线、无线网络传输,极容易被非合作方窃取和盗用,这对 LVC 网络安全提出了很高的要求。LVC 应用场景下无论是控制指令加密传输,还是图像加密传输,实际数字保密通信中,都需要设计用于认证和加密的伪随机序列。在数字保密通信中,一般要求这些序列具有较好的伪随机性,即满足序列随机特性的公设条件。直接运用已知的伪随机码,如 M 序列、Golden 码、构造伪随机序列已被证明是不安全的,目前已经有许多针对这些编码的有效攻击手段。本章将重点介绍基于混沌映射迭代值,设计基于混沌映射的伪随机序列产生方法,这些编码需要被量化才能作为加密序列和跳频码使用。如何构造基于混沌系统构造伪随机序列,使其具有更高的复杂性、随机性和保密性是本章研究的核心。本章首先讨论伪随机序列的定义,给出哥伦布(Golomb)序列随机特性的公式,指出基于混沌理论构造伪随机序列方法的技术优势,并给出混沌伪随机序列发生器的数学定义,提出基于时变参数混沌切换映射伪随机序列的构造方法,比较常用的数值量化方法,并详述比特序列法的实现步骤,从平衡特性、游程特性及相关特性三个随机性评价指标验证算法性能。本章重点介绍混沌基本理论和典型混沌映射系统,在围绕 LVC 网络传输,特别是跨域传输中的信息安全问题,结合密码学、混沌理论、通信抗干扰等理论,重点展开 LVC 通信链路的信息安全和信息加密等关键问题研究。

5.1　LVC 网络安全关键技术问题

　　随着作战训练和武器装备的发展,系统对抗系统逐渐成为未来作战模式的必然选择,但在整个面对面训练中,所需的训练场景更加复杂、现实,而培训成本较高。LVC 技术解决了这一问题,在保证培训可行性的同时,更有效地完成培训。通过构建一个综合的环境,在这种环境中,真实的力量、仿真的能力和虚拟战场可以相互作用,基本上可以用比较低的成本去提高作战训练的效率,还能适应高难度、高复杂性的作战环境。LVC 为空军训练和联动训练提供平台支持,但各单位之间传输的信息使用的是开放的通信信道。这些开放的通信信道可能会导致安全问题接二连三地产生,比如说重传和伪造,它们会严重影响到训练中信息整体传递的准确性,这样就会使得整个训练的效果大打折扣,甚至可能引起敌我不分、情报错传、延误战机等更严重的安全事故发生。

在整个 LVC 环境里,各个单位之间使用开放的通信信道,当然,这是无法避免的,因为不可能为每一个训练环境和每一对需要在模拟环境里沟通互联的单位都搭建一个独立的局域网络连接平台。因此,在仍然使用所有人都知道且都在使用的开放式通信信道的不可改变的前提下,应做出对常用的通信手段进行更深层次的加密,使得需要交互的信息的传输安全性在原有的基础上提高很多倍,不会因为信息传递上出了问题而影响到整个训练甚至真正战争发生时影响到参战人员的安全及整体战局。不论是军事通信还是民用通信,现在使用最多且比较成熟的手段方法就是扩频通信技术,这种技术更多使用直接扩频和跳频的工作方法,这两种通信工作方式的加密核心就是产生一个自定义的伪随机码,使用这个码对所需要传递的信息做一些操作,但是这个码的种类即使再多,在军事科技实力很强的国家面前也都形同虚设,因为这些国家有很强大的数据存储能力,尤其针对这种通信时使用的加密代码,他们保存了很多很多的运算方法,不论使用哪一种,他们依旧可以很快地通过与数据库的大数据对比而迅速找到源码,然后直接破译加密信息,达到截获、误传我方信息的效果。在此,通过对混沌理论的研究与学习,知道了混沌理论的一些基本原理与概念,为了更好地提高信息的传输安全性,将混沌理论中的一维 Logistic 映射加到通信过程中去,即在原有伪随机码(序列)产生的过程中再使用 Logistic 映射对其基本的输入、输出循环进行进一步的加密,最后达到保护信息的功效,这样会大大增加敌方侦破我方信息的难度,提高训练过程中的信息安全性。

随着时代科技的进步,军队信息化建设的推进,对军队现代化备战训练的要求逐步提高。在实战化训练进程中,装备与人员的结合以及体系化作战训练都面临许多实际条件的限制,LVC 仿真训练系统为训练提供了更好的平台,利用 LVC 技术快速开展集成的仿真训练成为信息化时代军事训练的发展必然。但在利用 LVC 平台进行系统化的联合作战训练时,需要进行大量的跨域、跨平台的信息交互流转,共享战训数据、实时传递战场情报,对大量的跨域数据信息进行高效、安全的传输。在此过程中如何构造安全可信的跨域互操作成为一个关键的难题,因此,研究并解决数据传输的保密问题对于促进航空兵实战化模拟训练以及战术数据分析具有十分重要的意义。

在图像压缩和信息加密技术方面,加密技术在当今时代已经是一种使用先进的数学物理方法对图像信息进行压缩和加载的一种技术手段,只有了解这种技术手段才能解压和利用信息,这便使得图像不会在与信息的传递以及交互中暴露真实信息和数据,保护了其信息的准确性,保证了传输交互的信息不被泄漏。在通信方面以及计算机方面所采用的加密技术比较多,并且在一些特殊需要安全性能保证的产品中,加密技术也得到很广泛的使用。目前,国内外关于数据信息加密传输技术方面的研究还是比较受到人们关注的,在网络数据安全这个领域的加密技术也是相对稳定的,在现阶段我国网络数据信息加密传输的过程中,将其所传输出来的数据通过网络信息加密技术来实现数据加密和传输时所需要的数据进行加密处理,以防止外部因素影响所传输数据信息的破坏和截获,这个加密过程主要由数据加密的过程组成。目前,最普遍的信息加密技术与存取访问管理控制技术、身份辨认技术等都被广泛地应用于网络信息安全中以保障网络的信息安全。目前加密技术已经非常成熟,表现为以下两个类别。

(1)对称密码加密机制。对称密码加密是一种通过算法来进行实现的对称性加密,其途径和方法相对比较简单,数据传送的双方在处理加密信息的时候不需要特别考虑加密的途径和方法,只要加密后双方已经约定好的一个私有密钥未能被第三方直接得知,那么所传送的信息就可能不会发生泄漏的风险。

(2)公钥密码加密机制。公钥密码的加密机制与对称密码加密相比,其加密机制又可称为非对称性加密。这个加密方式主要被广泛地应用于数据签名、身份验证等,信息传输的发射方与接受者在加密中通过不同的加密算法分别使用不同的密钥进行加密与解密,这也正是非对称加密模式的基本机理。在信息加密的过程中,其通过一个共有的密钥直接进行了信息的加密和处理,而在信息解密的过程中则是通过一种私有密钥解密的方式进行加密处理。

5.2　混沌的定义和基本特征

1961 年,美国气象学家洛伦兹用他的微型主计算机模拟了一台特殊的计算机,对天气预报数据进行长期准确和实时的预测。有一次,洛伦兹决定重新计算一次,以重新开始测试最后一次计算的分数和计算结果的正确性。第二次转换输入带中间值的原始数据时,原始的 0.506 127 省略为 0.506。最后的结果令人震惊,结果偏差极大。最后,他发现初始精度计算中的微小误差可能会使人们难以获得最终的计算结果。

经过预期计算的两个预期结果,一个明确预报了在未来的或几个月后的某天将是晴空万里,但是另一个预算结果显示这一天也可能会是狂风暴雨。后来洛伦兹研究发现线性的偏代数微分方程不同于其他的非线性的偏代数微分方程,线性的偏代数微分方程对于最初值的依赖不敏感,而非线性的偏代数微分方程对于最初值的依赖极其敏感。由此人们可以毫不犹豫地断言:即使再准确的天气预报说明天会是晴天,也有可能是雨天。

混沌,英文称之为 chaos,简单来说就是无序和混乱的一种精神心理活动或者状态。然而,混沌系统科学理论作为一门新型的现代科学技术已经发展至今,仍然没有一个准确、完整、科学的混沌理论及方式对其进行定义。不同的学科和研究领域的混沌系统科学家往往对其理论及方式有不同的基本认识或者理解。科学家给混沌下的随机体系统进行了定义,主要特征之一就是:混沌随机特指一种通常会发生的具有高度不确定性下的一种类似随机的不规则物体运动,其随机体的运动表现出一种行为所具有的不确定性、不可正常地重复、不可准确地预测,这就是混沌随机现象。图 5.1 所示为一个随机的模拟混沌系统的迭代映射轨迹图。

在人们的现实生活中,混乱几乎无处不在,例如:在全球热带气候中,在浩瀚热带海洋的湍流中;各类野生动物的迁徙和不同民族数量的波动;在不断活跃的人脑振动的脉搏和脑阵中;美国上市公司和美国期货市场的股票价格急剧上升和下降;等等。

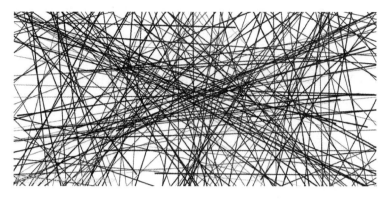

图 5.1　随机混沌模拟抽象图

　　混沌量子学术基本理论研究最早主要是产生于对现代量子物理数学和量子自然科学的基础理论研究两个领域,渗透于现代粒子学中的物理学、化学、生物学、动力学、气象学、经济学、社会学等许多的基础性学术研究类理论科目及其应用环境,已经循序渐进地变成了一个特别含有探索价值的学科。近年来,人们对于混沌物理系统的量子耦合、复杂混沌网络、分子马达、混沌系统密码、螺旋波等诸多方面问题有了广泛、深入的研究,将混沌系统理论的基础研究进一步推向更深的层次去。混沌思维理论作为一种新的数学思维表达方式,已经影响到许多其他的科学领域。近年来混沌理论基础研究主要有 4 个分支方向:混沌处理控制和信息同步、预测及其信息通信,混沌处理计算,混沌处理优化,混沌计算密码。

5.2.1　混沌的定义

　　混沌系统过于复杂,迄今为止还没有被科学家彻底揭开其神秘的面纱,因此,关于混沌理论的定义还没有完全成型。

　　目前,出现的定义都只是从侧面来描述混沌的性质,其中被广泛接受的是 Li‐Yokre 的混沌定义,他的出发点是区间映射,具体内容如下。

　　若区间 I 上的连续映射 $f(x)$ 满足以下条件,则认为它具有混沌现象:

　　(1) f 的周期点的周期无上确界;

　　(2) 闭区间 I 上存在不可数子集 S,满足以下条件:

　　对任意 $x,y \in S, x \neq y$ 时,$\lim\limits_{n \to \infty} \sup |f^n(x) - f^n(y)| > 0$;

　　对任意 $x,y \in S, \lim\limits_{n \to \infty} \inf |f^n(x) - f^n(y)| = 0$;

　　对任意 $x \in S$ 和 f 的任意周期点 $y, \lim\limits_{n \to \infty} \sup |f^n(x) - f^n(y)| > 0$。

5.2.2　混沌的基本特征

　　从系统对扰动和参数变化的响应来看,线性系统的响应是平缓、光滑的,成比例变化;而非线性系统在一些关节点上,参量的微小变化往往导致运动形式质的变化,出现与外界激励有本质区别的行为,发生空间规整性有序结构的形成和维持。正是非线性作用,才形成了物质世界的无限多样性、丰富性、曲折性、奇异性、复杂性、多变性和演化性。其主要的基本特征有以下几点:

(1)内在随机性:从确定性非线性系统的演化过程看,它们在混沌区的行为都表现出随机不确定性。然而,这种不确定性不是来源于外部环境的随机因素对系统运动的影响,而是系统自发产生的。

(2)初值敏感性:对于没有内在随机性的系统,只要两个初始值足够接近,从它们出发的两条轨迹线在整个系统过程中都将保持足够接近,但是对具有内在随机性的混沌系统而言,从两个非常接近的初值出发的两条轨迹线在经过长时间的演化之后,可能变得相距"足够远",表现出对初值的极端敏感,即所谓"失之毫厘,谬以千里"。

(3)非规则的有序:混沌不是纯粹的无序,而是不具备周期性和其他明显对称特征的有序态。确定性的非线性系统的控制参量按一定方向不断变化,当达到某种极限状态时,就会出现混沌这种非周期运动体制。但是非周期运动不是无序运动,而是另一种类型的有序运动。混沌区的系统行为往往体现出无穷嵌套自相似结构,这种不同层次上的结构相似性是标度变换下的不变性,这种不变性体现出混沌运动的规律。

(4)伪随机性特征:

1)时域随机现象:不同于常见的周期运动,混沌运动在表面上总是呈现出随机混乱的现象,它虽然不是以固定的周期经过某些状态,但是也并不发散,而是不定期地无限接近相空间上的各个状态。

2)自相关特性:混沌序列的自相关性会随着相关距离迅速衰减,呈现出与随机信号相似的特性。

混沌运动在时域上表现为随机运动现象,以著名的 Logistic 混沌映射为例,该映射在参数 $\mu > 3.569\ 95$ 时处于混沌运动状态。当参数 μ 取值为 3.89 时,其映射函数可表示为

$$x_{n+1} = 3.89 \times x_n \times (1 - x_n) \tag{5.1}$$

图 5.2 是初值 $x_0 = 0.345\ 5$ 的时域图,从图 5.2 中可看到,混沌在时域上表现为一种非周期的运动,这种非周期性看作是一种伪随机运动。

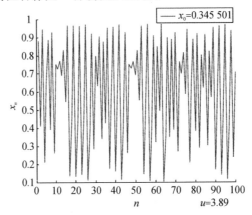

图 5.2 Logistic 映射的时域图

将初值变换为 $x_0 = 0.345\,501$，图 5.3 是 $x_0 = 0.345\,5$ 和 $x_0 = 0.345\,501$ 条件下的 Logistic 映射的时域图。从图 5.3 中可以看出，两条初始状态相差 10^{-6} 的 Logistic 映射轨道，迭代约 30 次后，在相空间中完全分离，轨道的初始信息随着动力系统的演化迅速丢失，造成混沌系统的长期不可预测。

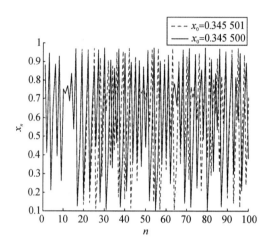

图 5.3　不同初值映射轨道分离

将初值 $x_0 = 0.345\,5$ 分别迭代 6 000 次，计算其自相关特性，得到的自相关特性如图 5.4 中所示。从图 5.4 可以看出，混沌信号的这一特性与随机信号的特性极为相似，因此很难用常规的线性统计分析方法进行有效分析。混沌映射迭代值的这种特性，特别适用于加密技术和跳频通信技术。

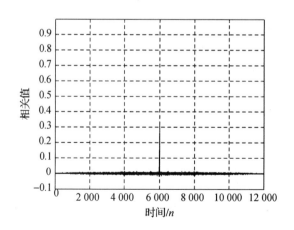

图 5.4　Logistic 映射的自相关特性

混沌系统除了具有上述 4 个典型的特征外，还具有分维性、标度性、不变分布、嵌入维数及测度熵等特征。

5.3 经典混沌映射概念

5.3.1 Logistic 映射概念

一维 Logistic 系统中的混沌系统形态及其映射是一个一维系统,若从数学上的形式上或者科学上的角度及其分析结果来看,可以说这真的就像是一个相对来说非常简单的混沌形态映射及其差分计算函数中的映射。

早在 20 世纪 50 年代,有好几位中国植物学和种群生态学家就已经成功地利用过这个简单的混沌形态映射及其差分计算函数中的映射方法计算出的方程,来精确地用来描述整个中国植物园的生态系和种群的一维系统混沌形态组织结构及其变化。此类的大型种子物理动力系统由于本身必须具有极其复杂的粒子物理学和流体动力学以及计算物理动力方程式的行为,在经济军事国防保密电子信息以及通信电子技术各个领域的应用研究以及应用十分广泛,其主要应用数学动力方程表达式的计算公式为

$$x_{n+1} = x_n \times \mu \times (1 - x_n), \quad \mu \in [0,4], \quad x \in [0,1] \tag{5.2}$$

式中:$\mu \in [0,4]$被用来称为它在 Logistic 函数中的一个参数。研究表明,当一个映射函数 $x \in [0,1]$时,Logistic 这个混沌映射中在相互工作时将始终处于混沌初始化的周期状态,也就是说,有一个初始的 x_0 在一个映射 Logistic 映射序列中的作用下,它所产生的一个序列必定始终是没有周期的、不会最终收敛的,而在此初始周期条件范围之外,生成的一个映射序列必将最终只能收敛于某一个特定的映射函数的取值。

图 5.5 为图 5.2 的相应 Logistic 映射的功率谱,在频域上 Logistic 系统的信号频谱分布类似宽带白噪声,频谱图上没有明显的尖峰。图 5.6 是图 5.2 相应的李雅普诺夫(Lyapunov)指数图,Lyapunov 指数刻画了在局部范围内轨道间的分离程度,是系统具有混沌特性的判决标准。由图 5.6 可见大约在参数 $\mu = 3.569\,95$ 处,系统 Lyapunov 指数大于零,系统处于混沌状态。虽然 Logistic 是标准的一维区间映射,但可以产生如此复杂的混沌行为,因此很多文献中常用该系统生成混沌序列。

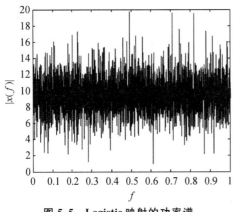

图 5.5 Logistic 映射的功率谱

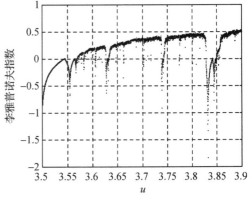

图 5.6 Logistic 映射的 Lyapunov 指数图

图 5.1 是 Logistic 映射生成的迭代轨迹图,从图中可以看出,Logistic 混沌运动在时域上表现为一种非周期运动,这种非周期运动与随机运动极其相似,因而可以看作是一种伪随机运动。

5.3.2　帐篷(Tent)映射

Tent 映射系统是一种使用比较广泛的离散混沌映射系统,Tent 映射系统在较多领域都有较为成熟的应用,比如混沌扩频码、混沌加密算法等。Tent 系统的映射方程为

$$x = \begin{cases} x/q, & 0 < x < q \\ (1-x)(1-q), & q < x < 1 \end{cases} \tag{5.3}$$

当 q 在区间(0,1)时,系统处于混沌状态。但是当 $q=0.5$ 时,系统将处于短周期状态。同时系统初值绝对不能与 q 相同,否则系统将成为一个周期系统。因此,在使用本系统时,对系统参数 q 的选取相对来说比较重要。

5.3.3　切比雪夫(Chebychev)映射

Chebychev 映射是一种典型的混沌映射,其优势在于映射在迭代计算的每一环节都保持输出值介于[0,1]之间,在量化伪随机序列发生器(CPRNG)的过程中就省略了归一化处理和量化的过程,利用余弦和余切作为方程主要构成的映射,具有在参数 n 取 1, x 取(0,1)区间时有着非常良好的混沌特性。其映射方程可以表示为

$$x = \cos[n\cos^{-1}(x)] \tag{5.4}$$

5.3.4　其他高维混沌映射

埃农(Henon)映射是一类最为经典的二维混沌映射,在混沌保密通信的论文和文献中,往往作为应用案例进行重点介绍,因为该映射方程具有优良的伪随机特性,其典型的混沌映射的数学表达式为

$$\begin{cases} x_{n+1} = 1 - ax_n^2 + y_n \\ y_{n+1} = bx_n \end{cases} \tag{5.5}$$

初始值为 $x_0=0.3, y_0=0.5, x_0=1.2, y_0=0.3$ 的时候,Henon 映射轨迹如图 5.7 所示。

19 世纪 70 年代,有人发表了关于二维映射的论文,该映射被广泛应用。由图形可以知道当满足 $1.07 \leqslant a \leqslant 1.4$ 并且 $b=0.3$ 的条件下,该系统才满足要求,然而为了方便计算,通常选取的初始值为 $a=1.4, b=0.3$。

洛伦兹(Lorenz)混沌映射最早被提出来的目的是解释空气中的对流现象,它的公式为

$$\begin{cases} \dot{x} = a(y-x) \\ \dot{y} = cx - xz - y \\ \dot{z} = -xy - bz \end{cases} \tag{5.6}$$

如果输入初始值 $a=10$, Lorenz, $c=28, x=1.2, y=1.3, z=1.6$,那么可以得到 Lorenz 映射的图像,并且可以看出 Lyapunov 指数数值比零大,证明了该系统的特性其轨迹图像为

图 5.8 和图 5.9。

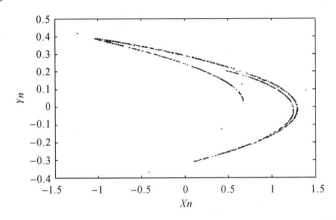

图 5.7   切比雪夫混沌映射轨迹图

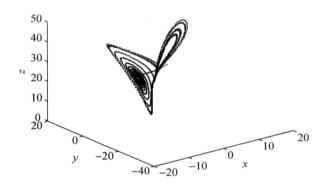

图 5.8   Lorenz 混沌映射三维轨迹图

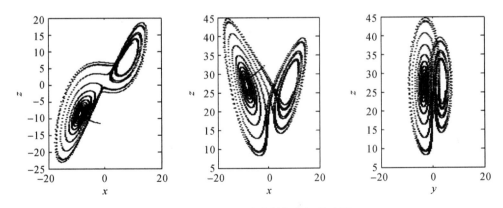

图 5.9   Lorenz 混沌映射各坐标轨迹图

克利福德(Clifford)映射系统和优化方案内容是通过将信息变成符号序列,其混沌映射公式为

$$
\left.
\begin{aligned}
x_{k+1} &= \sin(ay_k) - z_k\cos(bx_k) \\
y_{k+1} &= z\sin(cx_k) - \cos(dy_k) \\
z_{k+1} &= e\cos(bx_k)
\end{aligned}
\right\}
\tag{5.7}
$$

输入函数的初始值 $x=-10, y=-0.1, z=-1.0, r=0, s=0, t=0, a=2.24, b=0.43,$ $c=-0.65, d=-2.43, e=1.0$ 时并进行反复计算 1 000 次，可以看出 Clifford 映射的 Lyapunov 指数数值比零大，证明了该系统的特性其轨迹图像为图 5.10。

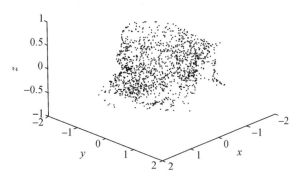

图 5.10　Clifford 映射轨迹图

从该混沌映射的轨迹图可以看出，虽然它相比于 Tent 混沌映射、Chebychev 混沌映射之类会变得更烦琐，更难破解，但是依然有自己内在的规则规定，如果改变该系统初始输入，那么该系统的轨迹变化将会发生翻天覆地的改变。如果对该系统镜像优化，在公式中加一个 $\sin(1/y)$ 的元素，对其运动轨迹进行优化，优化后的方程为

$$\left.\begin{aligned} x_{k+1} &= \sin(ay_k) - z\cos(bx_k) \\ y_{k+1} &= \left[z\sin(cx_k) - \cos(dy_k)\right]\sin(1/y_k) \\ z_{k+1} &= e\cos(bx_k) \end{aligned}\right\} \tag{5.8}$$

然后，输入之前的初始值，进行迭代运算 1 000 次，优化后的混沌系统轨迹为图 5.11。

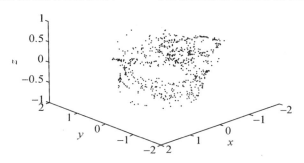

图 5.11　优化后的 Clifford 混沌系统轨迹

5.4　常见研究混沌的方法

混沌同步就是控制从不同初始条件出发的两个混沌系统，使其轨道随着时间的推移逐渐趋向一致并保持同步。基于混沌自身的特点，与传统的控制方法相比，其目标并不是抑制混沌，而是将两个混沌系统控制在同一个混沌轨道上。

1. 完全同步（Compelete Synchronization）

完全同步是最早研究的一类混沌同步，它是指两个结构一致，参数相同的混沌系统在系统演化过程中，通过耦合（可以是单向耦合也可以是双向耦合）或在相同外部信号（甚至可以是噪声信号）的驱动下考虑两个动力系统式，即

$$\dot{x} = F(x, p), \quad x \in \mathbf{R}^n \tag{5.9}$$

$$y = G(y, q), \quad y \in \mathbf{R}^n \tag{5.10}$$

式中：F 和 G 的形式一致，且维数 $n = m$，参数 $p = q$，但初始值 $x(0) \neq y(0)$。

它们通过单向耦合（Unidirectional Coupled）、双向耦合（Bidirectional Coupled）的方式，或者在系统的外部信号 $s(t)$ 的驱动下，若 $t \to \infty$，两个系统的内部状态 x 和 y 趋向一致，则可以称两个系统发生了完全同步。其同步误差一般定义为

$$e_s = \sum_{i=1}^{n} |x_i - y_i| \tag{5.11}$$

当时间 $t \to \infty$ 时，有 $e_s \to 0$，通常仅对分量误差式进行演化分析即可：

$$\dot{y} = F[y, s(t)] \tag{5.12}$$

2. 广义同步（Generalized Synchronization）

除非在理想条件下，一般很难实现精确的完全同步。而广义同步的提出使此问题迎刃而解。考虑两个动力系统，其中，F 和 G 的函数形式可以不一致，参数 p 和 q 依据初始值 $x(0)$ 和 $y(0)$ 均可以不同。通过耦合或者在相同的外部信号的驱动下，若 $t \to \infty$，两动力系统的状态变量 x 与 y 始终满足函数关系 $y = f(x)$，则可以称两个系统达到了广义同步。相应地，其同步误差一般定义为

$$y = F[y, s(t)] \tag{2.15}$$

当 $t \to \infty$ 时，有 $e_s \to 0$，即同步获得系统间保持某种函数关系不变。当此关系为一一映射时，广义同步即为完全同步。

3. 相位同步（Phase Syncheonization）

M. G. Rosenblum、A. S. Pikovsky 和 J. Kurths 于 1996 年研究了两个耦合 Rossler 振子的相位行为。试验结果表明，当选择合适的耦合强度时，可以使两个自然频率不同的振子的相位差满足

$$|\varphi_x(x) - \varphi_y(t)| < C \tag{5.14}$$

则称两个耦合系统达到了相位同步。这里的相位函数 $\varphi(t)$ 是一个适当选取的单调递增函数。

由于混沌振荡器不同于有明显周期间谐振荡器，亦无法给出传统意义的相位，所以相位同步中最根本的问题就是如何定义一般混沌系统的相位，称其为广义相位。

4. 混沌同步控制的模型

自从 L. M. Pecora 和 T. L. Carrol 于 1990 年提出一种混沌同步控制模型——驱动-回应模型以来，相继出现了许多不同的混沌同步控制模型。虽然有些模型的实现方法较复杂，有些模型只适用于特定的混沌系统，但是这些模型在相关的实际应用中取得了非常好的效果。

5. 驱动-回应(Drive – Response)模型

驱动-回应模型是 L. M. Pecora 和 T. L. Carrol 于 1990 年提出的最早的一种混沌同步模型。他们首次用电路实验暂时了混沌同步,并将这一技术成功应用于混沌掩盖通信。驱动-回应模型的基本思想如下:

$$\left.\begin{array}{l} \dot{x}_1 = f(\dot{x}_1, x_2\ x_3) \\ x_2 = g(\dot{x}_1, x_2\ x_3) \\ x_3 = h(\dot{x}_1, x_2\ x_3) \end{array}\right\} \tag{5.15}$$

同步的必要条件为相应系统的最大条件 Lyapunov 指数为负。条件 Lyapunov 指数是上述两位美国学者在驱动-回应模型中提出的概念,所谓条件就是指 Lyapunov 指数与控制信号有关,这里就是指回应系统的 Lyapunov 指数是以驱动变量为前提条件的。式(5.15)给出了一个三维系统的离子,其中 x 为驱动变量。

然而,并不是所有实际的系统都能分解为两个子系统,这也大大限制了驱动-回应模型的适用范围。而且,正如前文所介绍的,基于驱动-回应模型的航天掩盖通信在同步性能和通信效率上距离实用还很远。

5.5　混沌的判定

混沌来源于其本身的不是线性的结构,其中非线性只是判定是不是混沌系统的一个条件并不是全部的条件,因此如何判定这个系统到底属不属于混沌系统,然后利用函数图像和各种属性公式表达此系统,是很需要学习与研究的。到目前为止,研究者们基本上都是通过函数来判定这个系统属不属于混沌系统,再利用仿真的手段进行检验。

通常人们利用 Lyapunov 维数以及各种方式来形容混沌现象。其中最著名的莫过于利用 Lyapunov 指数来判定系统的混沌特性。Lyapunov 指数是形容函数图像的稳定程度的指数,指数的基本方式为:在空间中 A 点含有一个附近的域,其范围为 R,然后附近的区域慢慢向四周进行演化,最终变成一个类似橄榄球性质的球体,其中长度为 $R(t)$,那么 Lyapunov 指数的公式表达式可以表示为

$$\lambda_i = \lim_{t \to \infty} \lim_{\varepsilon(0) \to \infty} \frac{1}{t} \ln \frac{R_i(t)}{R(0)} \tag{5.16}$$

当指数的值达到顶点的时候,系统的性质就出现了。这个顶点所对应的数值就是描述了系统图形分离的深度。当该值大于零的时候,图形就是散开的,那么系统就是混沌系统。如果说该值小于零的话,那么系统就不是混沌系统,而是一个很固定的系统。而当该值等于零的时候,系统在混沌与稳定的边缘,系统应该是周期的。

5.6　伪随机序列发生器

《图像加密技术综述》提出了一种精确计算 Logistic 混沌轨道的实用算法,能够克服在迭代过程中有限精度造成的舍入误差累积。

本节研究将上述算法进行了扩展,针对 z – Logistic 混沌映射,提出了一种新型的混沌伪随机序列发生器(CPRNG)的实现方案。所选用的 z – logistic 混沌动力机制及输出函数为

$$x_{n+1} = f(x_n) = \sin^2(z\arcsin\sqrt{x_n}), \quad x_n \in (0,1) \tag{5.17}$$

$$X_n = C(x_n) = \begin{cases} 0, & x_n < 0.5 \\ 1, & x_n > 0.5 \end{cases} \tag{5.18}$$

式中:z 为混沌映射的参数,是正的偶数,系统的 Lyapunov 指数为 $\lambda = \log_2 z$。通过验证可以知道 $\{X_n\}$ 在理论上可以成为理想的信息源。基于该混沌动力机制的 CPRNG 的具体算法叙述如下:

(1)密钥(种子)为 (m,z,l_0),m 为大的素数,z 为 Z_m^*(与 m 互素的所有整数的集合)的一个生成元,l_0 为满足 $1 \leqslant l_0 \leqslant m-1$ 的任意整数。

(2)混沌迭代过程。令 $n=1,2,\cdots$,重复以下操作:

$$l_0 = zl_{n-1} \pmod{m} \tag{5.19}$$

$$x_n = \sin^2(l_n\pi/m) \tag{5.20}$$

(3)按式(5.18)输出二进制伪随机序列 $\{X_n\}$。

以上混沌迭代过程利用了这样一个事实:式(5.17)的混沌映射在同胚映射 $x = \sin(\pi_c)$ 作用下与映射 $c_{n+1} = zc_n \pmod{1}$,$c_n \in (0,1)$,因此 z – logistic 混沌轨道可由式(5.19)和式(5.20)生成。可对于任何形如 $x_0 = \sin^2(c_0\pi)$,$c_0 \in Q$(有理数域)的初值,通过令 $c_0 = l_0/m$,l_0 和 m 为互素的正整数,式(5.19)将生成精确的轨道 $\{l_n\}$。设函数 $\sin^2(\cdot)$ 由计算机实现时所引入的最大截断误差为 δ,则在有限精度下,式(5.19)和式(5.20)实际生成的混沌轨道 $\{\tilde{x}_n\}$ 与真实轨道 $\{x_n\}$ 之间满足

$$|x_n - \tilde{x}_n| < \delta \tag{5.21}$$

在计算精度足够高时,$\delta \ll 1$。因此,$\{\tilde{x}_n\}$ 与真实轨道 $\{x_n\}$ 将输出几乎完全相同的伪随机序列。

5.7 性 能 分 析

由于本章所设计的 CPRNG 是基于混沌动力机制作用下的一条真实运动轨道的输出,因此该性能分析可以依据混沌的相关理论来进行。接下来就围绕伪随机序列发生器最重要的周期性能、统计性能和用于数据加密时的密钥安全性能来进行剖析。

5.7.1 周期特性

式(5.19)和式(5.20)的迭代过程等价于将生成轨道限定在有理数域上,因此,该轨道必然是周期的,它是混沌动力系统的一条不稳定周期轨道。在选取密钥 (m,z,l_0) 时,要求 z 为 Z_m^* 的一个生成元,Z_m^* 为与 m 互素的所有整数的集合。由数论的相关知识可知,在该密钥

选取规则下,从 $x_0 = \sin^2(l_0\pi/m)$ 出发的混沌不稳定周期轨道长度为 $N=(m-1)/2$,且与 l_0 取值无关。因此在取 m 为大素数的情况下,所设计的 CPRNG 不会出现短周期现象,有效排除了弱的密钥(种子)。

5.7.2　统计特性

由混沌的相关理论可知,混沌吸引子内的不稳定周期轨道是稠密的,混沌吸引子的遍历特性保证了在不稳定周期轨道足够长的情况下,该周期轨道的统计特性逼近混沌吸引子的统计特性。因此在素数 m 足够大的情况下,其输出的伪随机序列极大程度上保留了混沌随机数发生器的信息源特性。

为了验证该 CPRNG 产生的伪随机序列良好的统计特性,采用卡方检测的方法对三组密钥下生成序列的随机性进行检测。这是一种假设检验的方法,如果序列是随机的,那么统计量 x^2 应服从卡方分布。该系统统计量定义为

$$x^2 = \frac{2^i}{N}\sum_{s=0}^{2^i-1} Y_s^2 - N \tag{5.22}$$

式中:N 表示将待检测的序列依次以每 i 比特作为一个模块分段得到的模块数;Y_s 表示数值为 s 的模块总数;卡方分布的自由度为 2^i-1。

对于每一组生成的序列由(5.22)式计算 x^2 的样本观测值 x_{obv}^2。设显著性水平 $\alpha=0.01$,确定相应的临界值 δ_α,使之满足

$$P(x^2 > \delta_\alpha) = \alpha \tag{5.23}$$

式中:$P(\cdot)$ 表示随机事件发生的概率。由于 α 的值很小,因此根据小概率事件的实际不可能性原理,若 $x_{obv}^2 > \delta_\alpha$,则认为被检测的序列不满足随机性假设;若 $x_{obv}^2 < \delta_\alpha$,则表明该序列具有一定的随机性。表 5.1 给出的是密钥分别为

$$K_1 = \{z_1 = 2, l_0/m = 23\ 156/99\ 999\ 787\}$$
$$K_2 = \{z_1 = 2, l_0/m = 31\ 420/999\ 998\ 21\}$$
$$K_3 = \{z_1 = 2, l_0/m = 135\ 724/99\ 999\ 643\}$$

时统计监测的结果,统计检测表明由该方法生成的混沌伪随机序列具有良好的统计特性。

表 5.1　混沌伪随机序列的卡方检测结果

自由度	δ_α	$x_{obv}^2(K_1)$	$x_{obv}^2(K_2)$	$x_{obv}^2(K_3)$
1	6.634 9	0.048 4	1.638 4	1.210 0
3	11.345	1.295 2	0.306 4	0.652 0
7	18.475	8.740 8	3.993 6	7.427 2
15	30.578	11.408	20.304	8.563 2
31	52.191	26.272	37.254	19.968
63	92.010	67.917	83.867	58.534
127	166.99	102.86	122.85	117.48

5.7.3 密钥的安全

对于一个安全的密码算法,它的密钥应满足以下两个条件。

(1)密钥空间应该足够大,对于本章提出的 CPRNG,密钥 m 通常选取为一个大的素数,l_0 可以取 $[1, m-1]$ 上的任意整数,z 可以取 Z_m^* 的任一生成元。如果实现精度为 L 位,由素数定理可知,$[2^L, 2^{L+1}]$ 之间的素数的个数约为

$$\Phi(m) \approx \frac{2^{L+1}}{\ln 2^{L+1}} - \frac{2^L}{\ln 2^L} = \frac{(L-1)2^L}{L(L+1)\ln 2} \tag{5.24}$$

由此可见,密钥的空间大小随着密钥长度呈指数增长。

(2)密文对密钥敏感依赖,通过密文的相关性无法获取密钥的任何信息。记 (m, z, l_0) 为真实的密钥,(m', z', l_0') 为攻击者猜测的密钥,$\{x'_n\}$ 和 $\{x_n\}$ 为对应的密文。对于本章研究提出的新方案,可分以下四种情况来讨论密文与密钥的关系,图 5.13 给出了四种情况下典型的密文相关曲线。

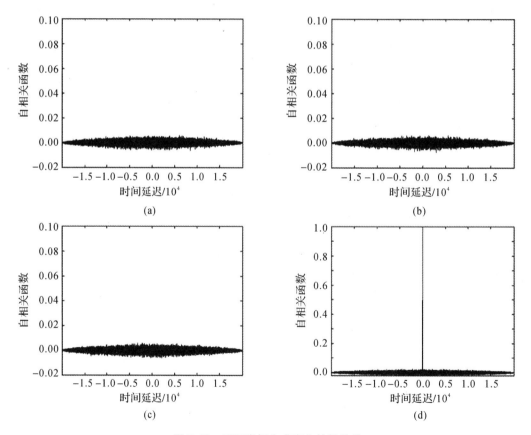

图 5.13 不同密钥生成密文的相关性

(a)$(z', m'_0, l'_0) = (3.999\,997\,87, 231\,568\,7)$,$(z, m_0, l_0) = (2.999\,997\,87, 231\,568\,7)$;(b)$(z', m'_0, l'_0) = (2.999\,997\,87, 231\,568\,7)$,$(z, m_0, l_0) = (2.999\,998\,21, 314\,200\,0)$;(c)$(z', m'_0, l'_0) = (3.999\,997\,87, 231\,568\,7)$,$(z, m_0, l_0) = (2.999\,998\,21, 314\,200\,0)$;(d)$(z', m'_0, l'_0) = (2.999\,997\,87, 231\,568\,7)$,$(z', m'_0, l'_0) = (2.999\,997\,87, 231\,568\,7)$。

(1)当 $z'\neq z, l'_0/m'=l_0/m$ 时，$\{x'_n\}$ 和 $\{x_n\}$ 为初值相同的两个混沌系统生成的序列，它们是不相关的。

(2)当 $z'=z, l'_0/m'\neq l_0/m$ 时，$\{x'_n\}$ 和 $\{x_n\}$ 为相同混沌系统从不同初值出发得到的混沌序列，由于混沌对初值的敏感依赖，两个序列是不相关的。

(3)当 $z'\neq z, l'_0/m'\neq l_0/m$ 时，$\{x'_n\}$ 和 $\{x_n\}$ 为不相同的混沌系统从不同初值出发得到的混沌序列，两个序列也是不相关的。

(4)当 $z'=z, l'_0/m'=l_0/m$ 时，密码算法被破解。

因此，从输出序列统计特性上不能获得密钥的有用信息。由图 5.13 可以看出，除密钥被精确猜出以外，其余三种情况下密文相关曲线完全相同。

伪随机序列作为一类密码学运算和设计中必须考虑的问题，在近些年发展中不断涌现出新的算法和编码方法，本章所设计的 CPRNG 由于选用了 z – logistic 映射，因此能够很好地避免有限精度舍入误差的不断累积，从而使伪随机序列不会出现短周期现象，并且非常有效地避免了选择弱密钥作为密钥，增加了 CPRNG 的安全性。较之传统 CPRNG，该混沌伪随机序列发生器的各项性能更加优越。

第6章　图像压缩感知和加密技术

基于 LVC 的跨域互操作技术中的数据安全问题需要重点关注、考虑,由于跨域互操作技术中包含大量图像数据,且这些数据往往包含战场和目标敏感信息,因此需要进行压缩和加密处理,确保信息传输的高效性、可靠性和安全性。

在压缩信息加密技术方面,随着近些年图像处理技术的发展,图像压缩技术已经日趋成熟,很多高效的图像压缩算法被运用到工程实践中,但是如何在图像压缩前提下进行图像加密并确保数据安全和高效传输,仍然是亟待解决的问题。

加密技术在当今时代已经是一种使用先进的数学物理方法对图像信息进行压缩和加载的一种技术手段,以便于使得图像不会在与信息的传递以及交互中暴露真实信息,保护了其信息的准确性,同时保证了传输交互的信息不被泄漏。目前,国内外关于数据信息加密传输技术方面的研究还是比较受到人们关注的,在网络数据安全这个领域的加密技术也是相对稳定的,在现阶段我国网络数据信息加密传输的过程中,将其所传输出来的数据通过网络信息加密技术来实现数据加密和传输时所需要的数据进行加密处理,以防止外部因素影响所传输数据信息的破坏和截获,这个加密过程主要由数据加密的过程组成。

本章主要讨论如何利用 LVC 仿真训练技术在进行联合作战训练时保证信息数据的传输高效性、安全性的问题,通过研究图像传输方面的技术,从提高信息传输速率以及保证图像信息不失真两方面,来保证信息交互流转的安全性和保密性,通过对图像信息采样压缩与加密操作同时进行来提高信息传输交互的效率,其中加密过程中可以用到 Logistics 混沌序列加密,混沌算法具有初值敏感、非周期、不可预测的三大特性,可用于构造安全性能优良的加密算法。在联合作战训练应用中,当前 LVC 仿真训练平台的相关技术,在对数据信息的跨域传输流转方面存在短板和弊端,需要构建网络的安全架构和安全模型。

本章将压缩感知技术和 Logistic 混沌映射对图像信息的处理应用于 LVC 训练平台的信息交互流转中进行研究、设计,以提高图像信息传输的安全性和高效性,首先分析 LVC 相关技术及安全需求,对 LVC 训练过程中信息传输的安全性进行分析,列举各类图像加密技术算法,介绍各类技术的基本原理和对 LVC 的适用性。在此基础上,引入压缩感知技术,对压缩感知的前提条件和理论细节进行概述。针对设计的算法进行 MATLAB 仿真运行,对仿真代码进行详细叙述并展示运行结果,对比运行前后图像的输入、输出来分析算法实现的效果。最后,对图像压缩和加密技术的后续应用和发展问题提出建议和展望。

6.1　信息传输安全分析

LVC 训练系统利用互操作网络来进行战训数据信息的跨域传输共享,而跨域传输过程中涉及的范围较广,可能需要在多个区域进行数据传输,这样的方式虽然能够保证一定的信息传输速率,但是在跨域传输中依然存在着较高的信息传输风险。在此过程中涉及的信息数据量较多,航空作战瞬息万变,如此大量的信息在传输的时候传输速率较低,会严重影响到作战数据的实时性,使得战机无法及时接收到指令或作战数据。此外,在空战过程中作战数据是极为重要的,其中可能包含着一系列战术安排、敌我分析数据、机间通信等重要作战信息,而在跨域传输时尤为需要确保其安全性,否则带有重要作战信息的信号一旦被敌方截获破解,将会造成极其严重的后果。针对 LVC 训练系统中出现的此类问题,特别需要对 LVC 训练中跨域传输的信息进行处理,以确保信息可以高效、安全地传输。

针对数据信息的高效安全流转,以图像信息为例,研究进行如何利用压缩感知理论和图像的置乱加密技术对所需要传输的图像信息进行一系列处理,降低图像数据信息量并对图像进行有效加密,如何构建安全模型和算法,通过仿真验证模型的科学性、合理性,验证方案技术的可行性,实现对 LVC 训练平台的跨域数据加密。

6.2　图像加密算法

对 6.1 节所述 LVC 信息安全性、及时性的问题,以图像信息为例进行研究,首先从图像信息保密性方面入手,通过图像信息的加密算法对图像信息进行处理。一幅图像可以看作是在直角坐标内的一个连续的二元函数,对图像中的任意一像素点 (x,y),将 $f(x,y)$ 定义为图像该像素点的灰度值,即图像在该像素点的亮度,而且这个灰度值是有一定范围的。在将一幅图像数字化之后,图像的 $f(x,y)$ 就相对应为一个二维矩阵,矩阵中各元素所在的行和列所对应的就是图像中各个像素点的位置坐标 (x,y),矩阵中各元素的值就是所该坐标对应的像素点的灰度值(通常来说,灰度共 256 级,灰度值从 0 到 255 来表示)。图像加密的过程就是通过对上述的像素点进行各方面操作来进行,目前的图像加密主要采用以下几种方法。

6.2.1　基于矩阵变换/像素置换的图像加密技术

基于矩阵变换/像素置换的图像加密技术在一般意义上就是将数字图像的矩阵点排列进行初等矩阵的变换,将数字图像的每个像素点按一定的方法进行打乱后再进行数字化的加密,而这种变换一般来说都被认为是一种线性变换。例如基于 Arnold 变换的加密算法就是属于这一类的加密技术,图像的加密算法与其加解密秘钥没有实现有效的分离,不符合现代密码制度的要求,总体上其不太适用于 LVC 仿真体系的图像传输技术来应用。

6.2.2　基于秘密分割与秘密共享的图像加密技术

所谓秘密分割,就是把人们要传输的信息分割成许多个碎片,每个碎片的本身并没有什么特殊的信息,但是只要把这些被分割的碎片结合到一起,就能够得到所传输的信息。就好比每个人都拿到药材配方的一小部分,只要把配方整合到一起就能得到整个药材的制作配方。这样的方法就需要发射端将图像信号分解成多个部分,将每个部分的信号分别发送给不同的接收者,而在接收端需要收到信息碎片的接受者共同参与才能够恢复出传输的原始信号,但是这种秘密分割的方法就存在一旦信息碎片丢失,那么在接收端的接受者哪怕是共同参与合作来接收信号,都无法获得发射端送来的加密图像信号,就等于把秘密全部丢失,而且这种一次一密的体制是任何的计算机、利用任何的算法都无法恢复出来的。因此,这种秘密分割的图像加密是非常不适合用于 LVC 的图像加密传输的,战训数据信息传输的稳定性都无法保障,而且接收端的多个接受者即多架战机共同合作来得出图像信息也是不太现实的。

而基于秘密共享的图像加密是基于在一个秘钥分存的概念上进行的,是将秘钥 A 分解为 n 个子秘钥,需要满足至少有 $k(1<k<n)$ 个子秘钥才能够恢复出秘钥 A,少于 k 个子秘钥,将无法恢复出信息。结合这样的思想,对于图像信息来说,将一幅图像信息分成 n 部分,能够使用它们中的任意 k 部分来重构原始图像。在信息共享的方案中以二值图像为例,将图像的每一个黑白像素再分存表示为由黑白像素生成数据膨胀的图像,意味着会将两幅图像进行叠加后从而得到放大了 4 倍的加密图像。这种图像加密的方式好在不是必须需要全部秘钥才能恢复原始图像信号,在一定程度上就算个别的子秘钥泄露也不会造成秘钥泄露或者无法恢复图像,算法比较直观,抗干扰性能也是比较强的,但是其不足就是其数据量是膨胀的,进行了多倍增加,很显然用于 LVC 仿真训练的数据传输是相当不合适的,作战数据是需要快速传输和加解密的,一旦信息膨胀加倍将造成接收端巨大的工作量,而且信息传输的时间也会相应地增加。

6.2.3　基于现代密码体制的图像加密技术

如图 6.1 所示,基于现代密码体制的图像加密技术就是把要加密传输的原始图像作为明文,采用各种加密算法用加密秘钥来对图像加密生成密文,即加密图像,在接收端对密码进行分析,然后采用解密秘钥进行密文的解密得到原始图像。这样的加密机制由于其加密算法可以公开,因此只要所使用的秘钥安全保密不被破解,所传输的密文就是安全的。

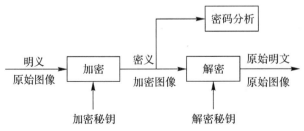

图 6.1　秘钥控制下的保密通信

在此过程中发射方的加密秘钥与接收方的解密秘钥不一定是相同的,依据这个分出两种加密算法,对称算法和非对称算法(也叫作公开密钥算法)。

(1)所谓对称算法,就是传统的秘钥加密算法,加密秘钥能够推算出解密秘钥,而相反解密秘钥也是能够推算加密秘钥的。一般对称算法中所谓的加解密秘钥是指图像发射方与接收方之间提前预先约定好的一个秘钥,只通过这一个秘钥来直接进行图像的加解密传输,因此,这种对称加密算法又被称为单钥算法或者是秘密对称的秘钥算法,对称算法的完整和安全性完全取决于秘钥,秘钥一旦被泄露,那就会直接意味着任何一个得到这个秘钥的用户就可以对图像进行加解密传输了。这种算法运用到 LVC 训练的信息传输将对这个单一秘钥的保密性有相当高的要求。对称算法的加密解密过程表示为

加密:

$$A_k(B) = C \tag{6.1}$$

解密:

$$D_k(C) = B \tag{6.2}$$

式中:B 是明文(即在发射端需要处理的图像信息);C 是密文;k 是秘钥;A 是加密函数;D 是解密函数。

对于单一秘钥加密的方法是要求在双方进行图像信息传输之前就商定好秘钥,发射方需要通过另一个安全的信道来将秘钥发送给接收方,这样的秘钥需要通过专门的信道来进行传送,而在发射端与接收端距离较远的时候,实现上是存在一定的问题的。如果将这种图像加密方法运用于 LVC 训练平台的跨域图像信息传输,就必须保证秘钥传输的可靠性以及信道中传输的信息的安全性,本章有用到这样的思想来设计 LVC 图像加密传输的算法。

(2)公开秘钥算法也称为非对称加密算法,之所以称为公开密钥是因为加密秘钥是可以公开的,任何人都可以知道加密秘钥的信息,但是用作加密的秘钥与解密秘钥两者没有关联,无法互相推算,在这个体制中加密秘钥叫作公开密钥,解密秘钥叫作秘密秘钥,只保密解密秘钥就可以做到保密通信,在公开秘钥体制内加解密是完全分离的,不具有对称算法中那样的对称性,通信的发射端与接收端无需提前商定秘钥,相比对称算法来说节省出了这一步骤所需要的工作量,不需要再采用另一专门的信道来保证秘钥的加密传输。公开秘钥算法的加密解密过程表示为

加密:

$$A_k(B) = C \tag{6.3}$$

解密:

$$D_{k'}(C) = B \tag{6.4}$$

式中:k 是加密秘钥;k' 是解密秘钥。

由于公开密钥体制的加密秘钥是公开的,其更容易受到敌攻击,其用于人们研究的 LVC 作战平台中有一定的可行度,但是攻击者能够对加密秘钥进行破坏来破坏所传输图像信息的加密过程,因此也不太适用于 LVC 仿真平台运用。

6.2.4　基于混沌的图像加密技术

基于混沌的图像加密技术就是将所需要进行加密的图像信号作为一个采用二进制编码

的图像数据流用混沌信号对其进行加密的一个过程。混沌气象信号的一些动力学特点主要是适合于对大气图像进行加密,美国气象学家早年在研究天气大量动态时发现了一个随机性质的确定性方程,以此应用于天气预报。混沌是在自然界存在的一种无规则的复杂的运动形式,它具有以下特征:

(1)大范围的长期运动是不可预测的,对每一次的初值是极端敏感的。

(2)运动的轨迹是无规则可循的,在空间中有着复杂的结构。

(3)它的运动是有界的,是在一定的取值范围之内的。

(4)它的频率谱比较宽,且和白噪声频率谱也有很多的相似和不同之处。

上面通过对混沌的主要特征因素进行综合分析,从中可以清楚地能够看出混沌信号同样具有巨大、无限的规则性,类似于视频噪声的复杂特征、有界性,不可见的预见性,使它同样能够同时具有天然的高度隐蔽性、对于初始混沌状态和微小外界扰动的高度敏感性,这就可以使得混沌的视频信号很好地适合人们应用于各种图像处理信号的实时通信和保密。

用混沌来加密图像信号就是在发射端将原始图像信号与一个或多个混沌信号进行叠加或者调制,那么加密信号在信道传输中有着类似随机噪声的性质,能够达到对图像信号保密的效果,在接收端接收到加密图像信号后将混沌信号解调去除,就可以得到原始的图像信号。

由混沌加密的原理图(见图 6.2)中就可以看出,利用混沌加密图像的关键在于混沌的同步,接收端要与发射端的输出同步,近些年来有许多的同步方法都是比较简单的、值得应用和改进的。结合混沌系统的特点可看出,混沌是比较适合用来应用在本书所研究课题上的。

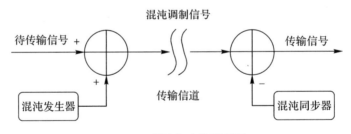

图 6.2　混沌加密的原理图

6.3　压缩感知技术

在介绍压缩感知理论之前,必须首先要引入在模拟信号处理技术领域的金科玉律——奈奎斯特(Nyquist)采样定律。在一般信号处理技术的应用过程中,想要将模拟信号在采样频率上进行处理,必须通过取样、量化、编码 3 个步骤,想要让原始信号的采样频率完整地存储在采样之后的模拟数字信号中,那么采样的频率必须严格地遵循奈奎斯特采样定律,即采样的频率必须至少要求超过或远远大于采样信号最高频率的 2 倍,因为当信号在时域中以间距 t 进行采样时,在频域上就可能会以 $1/t$ 为周期地发生一个周期性的延伸,只有采样频率至少要求超过 2 倍的信号最高频率才可以保证在频域上的信号进行频谱迁移后不会发生任何频谱性的混叠,信息才会完整不失真。

如图 6.3 所示,模拟信号采样是按照一定时间隔 Δt 在模拟信号上逐步采取其瞬时值,即成为数字信号。

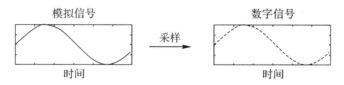

图 6.3　模拟信号采样

而在现实应用中奈奎斯特采样定律经常导致出现一些冗余的采样测量值,而在一些情况下需要很高成本才能够满足该采样定律,甚至有时在条件约束下是无法满足奈奎斯特采样定律的,其需要大于 2 倍信号最高频率的条件也导致采样过程中需要较宽的频带带宽。在 LVC 训练平台的信息传输过程,中也不太适合采用奈奎斯特采样定律来处理图像信息再传输,因此,通常对图像信号是进行压缩处理来解决大量的信息在有限的带宽和存储空间条件下的传输难题。2006 年,有学者创新提出了压缩感知的采样体系,尽管其问世时间不长,但是它所能实现的效果是备受广大学者所关注的,在本书课题研究中,就将采用压缩感知技术来对要跨域传输的图像信息进行处理。

压缩感知(Compressed Sensing,CS)又被称作压缩传感,采样与压缩在同一过程进行,经过压缩感知采样后的数据就是压缩后的数据。压缩是把原有的冗余数据剔除掉,精炼为节省内存空间数据。感知:即信号采样,把模拟信号变成数字信号。CS 作为一种新型的随机采样处理技术,通过对随机信号的稀疏和更高分辨率数据进行采样处理,在远低于奈奎斯特采样率的条件情况下,随机信号采样器通过计算和分析获取整个信号的离散度和采样率数值,然后再通过使用非线性信号重构法的算法应用来快速重构整个信号。它在电子信息科学理论、图像信号处理、光学、微波电子成像、模式识别、无线通信等多个重要学术研究领域都一直受到广泛的学术关注,并被国际美国科技创新评论专家委员会认定评选为 2007 年度十大美国科技创新进展之一。

6.3.1　压缩感知的前提条件

CS 的理论基础和设计核心思想主要包括两点,首先需要指出的一点是高频信号稀疏化(Sparsity),传统的对普通信号信息进行直接处理的这种方法只是简单地直接利用了对高频信号的处理带宽从而进行了对普通信号和高频信息的直接采样,但是对于现实生活中的高频信号,仍然必须具有一些基本的信息结构特征,即它的信号带宽相对于它的带宽具有信息的基本自由度,这些基本上的结构特征都可能是由于高频信号的很小一部分的信息自由度而直接决定的。在高频信号源的信息质量损失很少的情况时候,这种高频信号也就被认为可以通过使用很少数字编码器的高频信号源来进行信息表达,在这种基本意义上它被广泛认为也就是稀疏的高频信号。另外,稀疏区域信号的信息常常都是通过非自动的适应式无线采样信息技术获取方法来进行的,它通常是将稀疏信号经过压缩后放到较小频率范围内的稀疏信号域来进行采样获取,CS 的链式采样信息技术获取方法则通常是将某个或一组稀疏信号在其所在的一个稀疏域(Sparse Region)信号作为一组不相关的信号,可用于确定信号波形,和其他待处理的有用信号进行一系列相关的采样操作。

(1)稀疏性。可以这样来直观理解稀疏性(Sparsity):如果一个信号在一个域中的非零点个数远远小于该信号总的数值个数,那么该信号在这个域中是稀疏的,该域也叫作此信号的 Sparse Region。而在通常情况下,信号在变换域中不一定会完全呈现出在该域的 Sparsity,但只要该信号的大部分值趋于零,只存在少量的非零值,在变换域中近似满足 Sparsity,那么就可以认为它在该域是满足 CS 的稀疏条件。如果信号在一个域中不稀疏,那么可以通过变换方法进行变换来找到其稀疏变换,本书所研究的图像信息的处理过程正包含此过程,采用小波变换(Discrete Warelet Transform,DWT)来对图像信号进行处理,使所要处理的基带图像信号稀疏化,从而进行 CS 的下一步操作。

(2)不相关性(等距约束性)。在进行 CS 的过程中,是采取矩阵计算的方式来进行求解的,其中存在测量值 Y、观测矩阵 Φ 及稀疏系数 α,而构成的方程个数小于未知数个数,方程无确定解可能导致无法重构信号。但信号是稀疏的,如果观测矩阵能够满足有限等距性质(RIP),那么可以从测量值中准确地重构出一个最优解来顺利恢复出信号。而 RIP 的等价条件即为观测矩阵与稀疏矩阵不相关,即 CS 理论成立的第二个前提条件不相关性。

6.3.2 压缩感知算法

2004 年,就有学者提出了 CS 理论,该采样理论普遍认为:若一个点的信号频率满足 Sparsity,则它通常可以远低于采样定理中所需要的一个取样点用来进行信号重建和二次修正。具体的低维解释也就是说,只要一个低维信号在某一个低维变换域内变得是稀疏的,那么就一定有一个机会,人们可以直接利用一个与它的变换基不相关的低维观察作用矩阵,将这个变换域内所得的低维空间信号通过投影映射到另一个较小的低维空间上,然后人们仅仅可以通过矩阵求解一个最需要优化的高维问题就可以能从这些少量的低维投影中以高维大概率地得到重构原来的信号,这些低维投影中仅仅包含了一些能够重构成原信号的充分少量信息。

将 CS 理论通过矩阵计算的形式来进行数学表达,如图 6.4 所示。

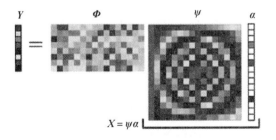

图 6.4 压缩感知的数学表达

现设一长度为 L 的一维信号 X，也就是要处理的原信号，其稀疏度为 s（含有 s 个非零值），经过 CS 之后的是长度为 M 的测量值 Y，Φ 为观测矩阵。进行 CS 即将信号 X 经过稀疏化，再由观测矩阵相乘来得到 CS 后的信号测量值 Y，即信号在 LVC 仿真训练跨域传输的发射端进行的处理步骤；而求解 CS 的问题就是在已知测量值 Y 以及观测矩阵 Φ 的时候，通过对方程 $Y = \Psi X$ 进行求解得到原信号 X，即在 LVC 训练跨域接收端对接收到的信息进行处理恢复原信号的过程。

对于 Φ 的每一行，可以看作一个 Sensor，它与信号 X 相乘之后，信号的一部分足以代表原信号的信息被提取，能够采用一个算法来高概率地恢复出原信号。一般而言，信号本身不会很稀疏，需要对某种稀疏基中的信号进行一定程度的表示，图中所谓稀疏基矩阵 Ψ 再次乘上一个稀疏系数即为图中的信号 X（稀疏系数即为图中所示长度 L 的一列矩阵，其中只有 s 个非零值，$s \ll L$），因此，信号可用稀疏基和稀疏系数来表示出来，所以原来的方程就可变成

$$Y = \Phi \Psi_\alpha \tag{6.5}$$

那么在稀疏域中信号就可以用稀疏系数 α 来表示，由方程可见观测矩阵与信号相乘就可得出我们对信号的压缩结果 Y，此时它的信息量与原图像信号 X 相比是非常小的，但它能够包含原信号中的信息，将测量值 Y 发射出去的传输速度是很快的，能够有效解决 LVC 跨域战训数据传输速度的问题，而在对所要处理的信号 X 进行压缩处理的同时可以将图像的加密处理步骤加入其中，使压缩的图像同时也是加密的，此时需要进行对图像像素点的置乱处理来加密图像。在信号的接收端收到测量值 Y，在方程中只要求出 α 的逼近值 α'，那么原信号 X 也可解出一个近似值，此过程求出的最优解即为不失真的原信号，之后进行与发射端相反的图像解密处理，对图像像素点反置乱处理，即可接收到友机在 LVC 网络中传输过来的战训信息。

CS 理论主要包括以下三部分。

（1）信号的稀疏表示。对于信号的 Sparsity，可以简单理解为信号中的非零元素较少，或者说是稀疏系数 α 的大部分值为 0。自然界的信号一般来说不是绝对稀疏的，其在变换域中可以近似稀疏，具有了可压缩性，因此，只要将信号变换到稀疏域中就可进行压缩处理。人们对信号进行稀疏表示，就是要合理选择稀疏基来使得稀疏系数中的值的数量尽可能得少。

进行稀疏表示的意义就在于信号发射处理时稀疏展开后可以去掉稀疏系数为零的信号值而不造成信号失真，接收端恢复信号时，因为信号 X 是 s 稀疏的，可以在观测值 Y 的 M 个值中以 s 个较大的系数来重新构建 L 长度的原始信号的近似值。信号在某种表示形式下是稀疏的，本书采用一个比较经典的稀疏方法——小波变换（DWT），来增大所要处理的图像信号的稀疏度。

（2）观测矩阵的设计。设计一个观测矩阵的主要目的就是通过设计如何对压缩信号进行采样来分析得到一个长度大约为 M 的压缩观测值 X，原来的信号 X 投影在接收端到新的观测基上来分析得到一个新的压缩信号 X，同时还要注意保证接收端能够从一个压缩信号 Y 中重构得到原来的长度大约为 L 的信号 X 或者说也就是稀疏基的稀疏系数矢量 X，这样用最优化的方法从 Y 中来高概率地重构输入传递信号 X，就实现 LVC 信息数据传输的高效性。

在此过程中，就需要满足 6.3 节所述的压缩感知的第二个前提条件，观测矩阵与稀疏基

矩阵是不相关的,观测矩阵与稀疏矩阵的相关性定义如下。

对于

$$\mu(\boldsymbol{\Phi}, \boldsymbol{\Psi}) = \sqrt{n} \cdot \max_{1 \leqslant k, j \leqslant n} |\langle \varphi_k, \psi_j \rangle| \tag{6.6}$$

式中:μ 的取值范围为 $\mu(\boldsymbol{\Phi}, \boldsymbol{\Psi}) \in [1, \sqrt{n}]$。$\mu$ 的值越小,那么 $\boldsymbol{\Phi}$ 与 $\boldsymbol{\Psi}$ 就越不相关。

经过研究,人们一般用随机高斯矩阵作为观测矩阵进行 CS 处理。另外常用的观测矩阵还有部分正交矩阵、稀疏随机矩阵等。

(3)信号恢复算法的设计,用 M 个观测值不失真地恢复出长度为 L 的原信号。

在信号、观测矩阵、稀疏矩阵满足上述前提条件后,在接收端是能够通过对压缩的逆向的求解来恢复出原信号 $\boldsymbol{X}$ 的,先解出稀疏系数 α,然后从 M 维测量值 $\boldsymbol{Y}$ 将稀疏度为 s 的信号 $\boldsymbol{X}$ 恢复出来,这个过程就是求解欠定方程组 $\boldsymbol{Y} = \boldsymbol{\Phi\Psi}\alpha$ 的过程,这是一个零范数($L0$)最小化的问题($L0$ 范数指向量 $\boldsymbol{Y}$ 中非零元素的个数),从而解出稀疏系数的估计值 α',那么原信号 $\boldsymbol{X}' = \boldsymbol{\Psi}\alpha'$,但是对于式(6.5)求解是一个没有快速解法的问题,甚至无法去验证解的可靠性,因此常把它转换成一范数($L1$)最小化的问题来求解,因为 $L1$ 最小范数在一定的条件下与 $L0$ 最小范数有着相同的解。

目前 CS 的重构算法可以分为两类,即贪婪算法和凹凸优化算法。

贪婪算法就是在一张图中快速选取合适的向量原子,再经过一些类似渐进式和逐步式等递增的算法计算,进而可以直接实现对绘图信号中的向量元素 $\boldsymbol{X}$ 的快速逼近,此类绘图算法主要类型有信号匹配法和追踪绘图算法、正交信号匹配法和追踪绘图算法等。本书的基础研究主要理论就是充分利用了正交匹配追踪算法(Orthogonal Matching Pursuit,OMP)算法。

凹凸优化算法就是把 $L0$ 的最大范数逐渐放宽一直到小于 $L1$ 的最大范数,再将其结果转化而成为一个非常复杂线性的图形规划投影问题并用来对其结果进行优化求解,其主要算法有凹凸梯度优化投影法、基跟踪法、最小投影角度的优化回归等算法。

6.4 面向 LVC 跨域传输的图像压缩感知算法

6.4.1 算法的设计思路

面向 LVC 跨域传输的图像压缩感知算法总体上大致按照 CS 技术的思路来进行设计,采用小波变换将图像信号稀疏化,接下来加入对图像信号的加密处理步骤,即图像像素的置乱操作、利用混沌映射对图像的加密,也是测量矩阵设计的过程,来完成对图像信号的 CS 处理,此时就可得出在接收端所收到的加密处理后的测量值图像。而在图像还原过程,需要用到信号重构算法 OMP 函数,恢复矩阵将图像进行恢复,再接着进行与发射端加密处理时的逆过程混沌映射的逆运算、像素逆置乱、小波反变换之后就可以得到还原的图像。

　　整个算法设计过程总体上是按照模块来进行处理的,其中尤为重要的加密过程是由像素处理的过程来完成的,对此过程的保密性能够由两步加密处理顺序安排、其中参数值的设置不同来充分保证,这一点可由混沌映射概述中对初始值以及参数 λ 的叙述看出,参数有着一定的取值范围且在该范围内任意取值是能够保证产生的序列无规则,是一个混沌状态的,这就极大地提高了传输过程中的安全性,参数不同设置的排列组合有着数不清的可能,被截获破解的可能性是极低的。

6.4.2　算法的具体流程

　　发射端准备好要进行压缩加密传输的图像信息,此图像信息包含着 LVC 平台中需要传送的战训数据、战场情报,将其作为 CS 的原始图像,初始化于本流程中。

　　接下来进行压缩感知发射端处理的两个步骤,即图像信号的稀疏化以及观测矩阵的设计。这里可以采用小波变换对图像信号进行稀疏化,利用一个小波变换矩阵来增大信号稀疏度,那么此时信号才符合 CS 的稀疏性条件,之后进行第二步观测矩阵的设计,在这里采用的是一个 Hadamard 矩阵来作为图像信号的观测矩阵来对图像压缩,那么在此之前可以将加密的步骤涵盖其中,即对图像像素点的置乱处理,以发射端设定好的规则算法来对像素点打乱顺序,生成一个新的置乱的图像,再用设计好的观测矩阵来与加密置乱后的图像矩阵相乘,即得出测量值图像。发射端对图像压缩感知处理的流程如图 6.5 所示。

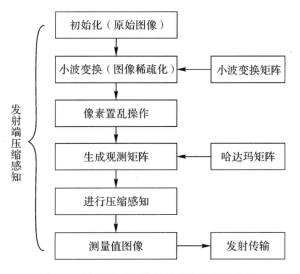

图 6.5　发射端对图像压缩感知处理的流程

　　而在接收端接收到信道中发来的测量值图像信号后,要对信号进行图像信息的还原,这就是 CS 的第三步,即信号恢复算法的设计,在这里采用的是 OMP 算法来重构图像信号,此过程仍需观测矩阵加入计算,从而以反过程来解得像素置乱之后的图像信号,如图 6.6 所示。

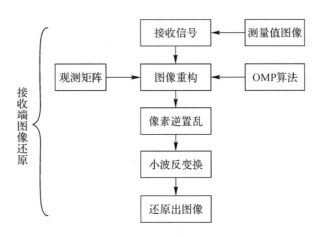

图 6.6 接收端将图像还原的流程

接着以定好的置乱规则,由混沌序列控制下将像素点位置进行还原,下一步再将此稀疏信号恢复到原来的域中,即进行小波反变换来得到原始图像信号。

6.5 算法的优化与改进

6.5.1 Logistic 混沌映射概述

本书的图像加密算法运用了混沌算法的 Logistic 混沌映射,Logistic 混沌映射是一个被广泛应用的复杂的动力学系统,广泛应用于通信保密等领域,其数学表达式为

$$X_{n+1} = f(X_n) = \lambda X_n (1 - X_n) \tag{6.7}$$

式中:$X_n \in (0,1)$,$n \in \mathbf{N}$,设置了初始值 X_0 后,Logistic 映射作用产生无规则不收敛的序列,而在这个参数取值范围之外生成的序列将会收敛到一个定值;λ 为常数,当 $3.569\,945 < \lambda \leqslant 4$ 的时候,特别是取值比较靠近 4 的时候,其生成的是一种伪随机分布状态的值,此时映射是能够更好地处于混沌状态的,是能够适用于本书研究的 LVC 图像信号加密传输的。

6.5.2 算法可优化改进点

(1)可以更加灵活地加入置乱加密步骤,在将图像信号稀疏化之后,可以将置乱加密的步骤和观测矩阵与信号相乘的步骤任意设置前后顺序,这样能够使图像加密的可能性数量增加一倍的效果,敌方破解我方传输的信息将会更加有难度。先进行观测矩阵测量,可将图像信号压缩到设置的任意比例,然后再对压缩信号像素进行一定算法下的打乱排列,也能够达到压缩感知图像加密的效果,LVC 体系传输信息双方约定好以怎样的步骤进行加解密即可完成图像传输,在此过程信道中传输的图像信号安全性是很高的。

(2)图像信号的像素置乱加密和观测矩阵的设计生成都可以利用混沌的无规则性来提

高保密性,可以采用 6.4 节所述的 Logistic 混沌映射序列来控制像素置乱以及观测矩阵,即对 Logistic 混沌映射算法进行改造,设计出一个新的混沌映射序列,按照此算法规则来置乱像素点和产生观测矩阵,在置乱处理和产生 Hadamard 矩阵这两步都将混沌映射的思想加入其中,用混沌序列来控制置乱操作和 Hadamard 矩阵,混沌映射的三个参数在要求的范围内任意设置,均能完成对图像信号的处理,且参数设置任意组合,极大提高了算法的保密性和可靠性,敌方很难破解。

(3)算法按照压缩感知理论的方法步骤进行设计,很大程度上局限于压缩感知的三个步骤的已有理论,信号在稀疏表示这一环节中,本书采用的离散小波变换(DWT),要用稀疏基来正交地表示图像信号,在处理一些形状奇怪的图形时效果可能欠佳,不能将图像信号的轮廓来稀疏地捕捉。在图像的稀疏化上,笔者认为理论中的将信号变换到其稀疏域中,在稀疏域中用稀疏基来表示该信号的过程能够有一个新的思考,用来表示信号的稀疏基可以用字典来进行取代,字典中的元素被称作原子,从字典中来构建出一定数量的线性组合的原子来表示信号,这一点可以作为本书研究的后续研究方向继续深入设计。

6.5.3　算法的实现

按照上述改进方式实现算法设计流程,图像压缩感知算法的实现如下。

Initializing:read in picture lena512. bmp

Output figure1;　　　　　　　　　　　　　　　//读入原始图像并显示

X←lena512. bmp;　　　　　　　　　　　　　　//将原始图像表示为矩阵 X

　* * 图像稀疏化;

Set up filter h、g;　　　　　　　　　　　　　//滤波器 h、g

　　W←DWT(M);　　　　　　　　　　　　　　//构造小波变换矩阵 W

　X sparse→X1;　　　　　　　　　　　　　　//图像信号稀疏化为 X1

　* * 像素置乱操作;

Input parameters x1、r、t;

Chaotic sequence control:　　　　　　　　　//应用改造的 Logistic 混沌序列控制置乱

　　While X(i)<0. 5;

　　Do (r * x(i) * (1−x(i))+(4−r) * x(i)/2)mod 1;

　　Then;

　　Do (r * x(i) * (1−x(i))+(4−r) * (1−x(i))/2)mod 1;

　　Index sequence control pixel scrambling→ X2;

　　* * 设计观测矩阵

　　Identical,Chaotic sequence control:　　　　//应用改造的 Logistic 序列控制观测矩阵

Set up parameters x1、r、t;

　　While X(i)<0. 5;

```
Do (r * x(i)/2＋(4－r) * sin(pi * x(i))/4)mod 1；
Then；
Do (r * (1－x(i))/2＋(4－r) * sin(pi * x(i))/4)mod 1；
Generatehadamard matrix MR；                        //观测矩阵采用哈达玛矩阵
X3←MR * X2；                                        //进行压缩感知生成测量值图像 X3
Output figure2；                                    //显示测量值图像
* *图像恢复
Omp algorithm reframe picture；
Input parameters s、MR、N；                          //测量值 s、观测矩阵 MR、向量大小 N
Omp reframe→X5；                                    //重构出恢复矩阵 X5
Matrix inversion disorder；
Identical，Chaotic sequence control；
Input parameters X1、r、t；
X5 inversion disorder→X6；
X6 inverse wavelet transform→X7；                   //还原图像的矩阵 X7
Output figure3；                                    //显示还原图像
Compute X、X7 coefficient of similarity；
Contrast SNR；
```

6.5.4 算法的优点

算法的实现在 6.5.1 节的基础上针对 6.5.2 节的可优化点进行优化与改进,在置乱操作和生成观测矩阵中创新地引入混沌映射,用改造的 Logistic 混沌序列来控制像素置乱和 Hadamard 矩阵,Logistic 映射的三个参数在其取值范围内任意取值进行组合可以作为图像加密的秘钥,这个秘钥的可能性有无数种,并且置乱与观测两步也可先后互换,成倍增加秘钥的组合种类,敌方即使截获也很难破解出原始图像,在 LVC 仿真训练的信息交互流转中实现了很高的保密性和安全可靠性。

在压缩方面,该算法可以根据实时的需要将图像压缩成任意大小的测量值图像,只需在设计测量矩阵时加入图像的压缩比,将压缩比带入生成观测矩阵即可,可以很好地实现对 LVC 平台图像信息传输的信息量压缩的目的,极大地提高信息数据的传输效率。

6.6 图像压缩感知加密仿真试验

本章利用 MATLAB 仿真软件设计仿真试验来对 6.4 节设计的面向 LVC 的图像信号的压缩感知算法进行仿真验证,来测试验证设计出的算法是否能够实现本书研究目的,达到为航空兵 LVC 仿真训练提供高效、安全的信息传输平台建设的目的。特别是在其中创新应用的混沌映射来控制置乱操作和设计观测矩阵,需要进行代码编写仿真的实验来验证算法改造以及与压缩感知理论结合得是否成功,能否优化当前 LVC 平台跨域互操作信息交互流转的这一过程。

接下来描述一下本章进行仿真实验的运行环境:

(1)计算机系统:Windows 10 的 64 位操作系统。

(2)处理器:基于 X64 的处理器,Intel(R) Core(TM) i5 - 8300H,主频 2.30 GHz。

(3)机带 RAM:8.00 GB。

(4)MATLAB 版本:MATLAB R2017b。

分别对于 6.4 节所述的算法步骤进行模块化的编写:对图像信号的小波变换稀疏化处理、图像的像素置乱加密、观测矩阵 Hadamard 矩阵的生成、对图像压缩感知得到测量值图像、信号的 OMP 恢复算法以及像素逆置乱和小波反变换过程进行算法的仿真,最后还加入了对图像信号传输前后的对比,即峰值信噪比的仿真编写,对比两图像来分析图像信息压缩感知加密传输的效果。

仿真验证的程序设计整体 MATLAB 代码编写如图 6.7 所示,上半部分为仿真程序编辑的代码,第一个 CStest. m(设计验证中仿真测试的第二版改进)为仿真验证的主文件,后面的文件都是 CStest 主程序里需要用到的调用函数,将其列在后面方便调试与编辑查看;右半部分是程序的参数区,图 6.7 显示的是主程序 CStest 中的各参数,能够查看主程序中所有参数的值,在程序运行调试过程中,方便对每一步的运行结果参数进行查看并分析,来改进程序的编写;下半部分为 MATLAB 的命令行窗口,本仿真实验输出参数在这里显示,图 6.7 中显示的是主程序进行压缩感知加密和图像恢复全过程所用的时间和最后对原始图像和还原图像的对比,即峰值信噪比的显示。

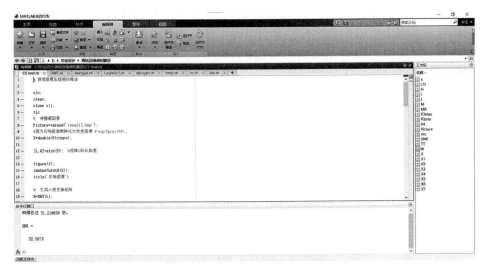

图 6.7　仿真验证的程序设计整体

所编写的程序中除了主程序 CStest 以外,还有离散小波变换函数 DWT. m 程序、混沌映射控制的置乱加密程序 encrypt. m 和反置乱程序 decrypt. m、混沌序列控制的生成观测矩阵哈达玛矩阵的 logistic1. m 程序、信号重构算法 OMP. m 程序、计算矩阵相似度系数的程序 co. m 和计算峰值信噪比的程序 snr. m,都在主程序中需要调用。

程序编写完成之后进行不断调试运行,对 MATLAB 中报错的代码行进行纠正、改错,对运行出的图像结果进行对比并分析能否达到研究目的效果,编写的程序不断进行修改、完善,最终编写出能够验证本书 6.4 节所设计的算法的 MATLAB 程序 CStest。

6.6.1 图像压缩

(1)用 tic 启动秒表计时器来掌握编写的图像处理发射与接收后处理全过程的 MATLAB 命令执行的时间。读入程序要处理的原始图像信号 lena512,该图像信号是一个 512×512 像素的图像信号,可以表示为一个 512×512 的矩阵,该图像读入工作区命名为 Picture,此时选择的是一个处理时较为简单的灰度图像,每个像素的颜色灰度值只在黑白之间进行取值,如果输入彩色图像,可用 rgb2gray 函数来将其转化为灰度图像来进行后续处理。在这里将矩阵 Picture 中的数值类型统一为双精度的浮点类型来进行矩阵运算处理,下面的矩阵 X 就是此程序要处理的原始图像信号的矩阵。建立图形窗口 figure1,用 imshow 函数来先将原始图像信号进行显示,如图 6.8 所示。

```
clc;
clear;
close all;
tic
%  待隐藏图像
Picture=imread('lena512.bmp');
%若为彩色图像则转化为灰度图像 P=rgb2gray(PP);
X=double(Picture);

[L,H]=size(X);   %矩阵X的长和宽

figure(1);
imshow(uint8(X));
title('原始图像');
```

图 6.8 原始信号的的初始化设置

(2)将初始化后的图像信号进行稀疏表示:生成小波变换矩阵,通过小波变换使图像稀疏化来增大图像稀疏度,使其在变换域中稀疏,从而降低信号恢复时的难度。实现算法如图 6.9 所示。

```
%  生成小波变换矩阵
W=DWT(L);

%  小波变换让图像稀疏化（该步骤会耗费一些时间，但是会增大稀疏度）
X1=W*sparse(X)*W';
X1=full(X1);
```

图 6.9 图像信号的稀疏化

图 6.9 中调用编写好的小波变换函数 DWT 生成小波变换矩阵,小波变换的程序如图 6.10 所示。用 MATLAB 2017b 的 spare 函数来创建稀疏矩阵,将矩阵 **X** 转化为能够用稀疏矩阵表示的形式,将矩阵将经过与小波变换矩阵的运算得到 X1,即为图像信号小波变换稀疏后的结果,将稀疏矩阵 X1 再用 full 函数调整为 512×512 的全矩阵来进行下一步的加密处理。

(3)对稀疏的图像信号 X1 矩阵进行置乱算法的实现,如图 6.11 和图 6.12 所示,主程序调用编写的图像加密像素置乱的程序代码 encrypt.m。其中创新地运用到了 Logistic 混沌映射来控制置乱,输入提前设定好的映射参数 $x(1)=0.731\ 4$、$r=3.999$、$t=50$,都是在参数的取值范围内合理进行的取值,接着执行下面的循环语句生成索引序列 X1,sort 函数将索引序列的值进行升序排列为一维数组,将升序排列后数组中的每个值在原索引序列 X1 中的位置号用 num 数组来表示,接着创建一个 512×512 的零矩阵来待填充,以 num 里的位置号来将图像矩阵 **X** 中对应的像素位置从前到后依次填充到待填充的矩阵 **Y** 中,此时 **Y** 中的像素即为 **X** 像素置乱后排列出的新图像。

```
function ww=DWT(N)
[h,g]=wfilters('sym8','d');        %  分解低通和高通滤波器
% N=256;                          %  矩阵维数(大小为2的整数幂次)
L=length(h);                      %  滤波器长度
rank_max=log2(N);                 %  最大层数
rank_min=double(int8(log2(L)))+1; %  最小层数
ww=1;    %  预处理矩阵
%  矩阵构造
for jj=rank_min:rank_max
    nn=2^jj;
    %  构造向量
    p1_0=sparse([h,zeros(1,nn-L)]);
    p2_0=sparse([g,zeros(1,nn-L)]);
    %  向量圆周移位
    for ii=1:nn/2
        p1(ii,:)=circshift(p1_0',2*(ii-1))';
        p2(ii,:)=circshift(p2_0',2*(ii-1))';
    end
    %  构造正交矩阵
    w1=[p1;p2];
    mm=2^rank_max-length(w1);
    w=sparse([w1,zeros(length(w1),mm);zeros(mm,length(w1)),eye(mm,mm)]);
    ww=ww*w;
    clear p1;clear p2;
end
```

图 6.10　小波变换程序的整体编写

```
% 置乱操作
X2=encrypt(X1);
% X1置乱加密后为X2;
```

图 6.11　主程序中图像的置乱操作

```
%  置乱操作
function ee=encrypt(P)
  [m,n]=size(P);
  x(1) = 0.7314;
  r = 3.999;
  t=50;  %丢弃数值的起始值

      for i = 1:t+m*n
          if x(i)<0.5
              x(i+1) = mod((r*x(i)*(1-x(i))+(4-r)*x(i)/2),1);
          end
          if x(i)>=0.5
              x(i+1) = mod((r*x(i)*(1-x(i))+(4-r)*(1-x(i))/2),1);
          end
      end
      x1 = x(t+1:t+m*n);   %生成了t+mn个数,丢弃前t个数,后mn个数组成x1为索引序列
  [~,num]=sort(x1);
  Y=zeros(m,n);
for i=1:m*n
      Y(i)=P(num(i));
end
  ee = Y;
```

图 6.12 图像的置乱操作算法编写

(4)完成压缩感知的生成观测矩阵步骤,如图 6.13 和图 6.14 所示,此时可以首先设置图的压缩比,根据实际传输需要设置压缩系数 M , M 的设置也是取决观测矩阵的一个参数,观测矩阵由改进的 Logistic 混沌映射来控制生成,与像素置乱过程原理相同,不再赘述。

```
%   观测矩阵生成
M = 0.5;     %压缩比
a = M * L;
MR= Logistic1(a,H);     %由混沌序列控制的部分哈达玛矩阵
```

图 6.13 生成观测矩阵

(5)用以上步骤完成的结果来进行对图像的压缩感知,观测矩阵 MR 与加密处理后的图像 X2 进行矩阵的数学运算即得到测量值图像,建立图形窗口 figure2,用 imshow 函数进行显示,如图 6.15 所示;将此图像存入程序目录的文件夹中。

经过以上过程,对需要流转传输的图像信号进行了 CS 处理,得到测量值图像的矩阵 X3,图像是一个 512×256 的加密压缩图像,即发射端压缩处理后传输给信息接收方的图像信息。

```
function  Mean= Logistic1( M,N )
        x(1) = 0.6654;
        r = 3.997;
        t = 50;
    for i = 1:t+N
        if x(i)<0.5
            x(i+1) = mod((r*x(i)/2+(4-r)*sin(pi*x(i))/4),1);
        end
        if x(i)>=0.5
            x(i+1) = mod((r*(1-x(i))/2+(4-r)*sin(pi*x(i))/4),1);
        end
    end
    s = x(t+1:t+N);   %最后生成了306个数,初始值x(1)不算,丢弃前t=50个数,从51到306共有256个数组成s为索引序列
    [~,y] = sort(s);    %y是置乱序列
    H = hadamard(N);
    H_r = H(y(1:M),:);
    Mean = H_r(:,y(1:N));
end
```

图 6.14　混沌序列控制的 hadamard 矩阵算法编写

```
%   测量
X3=MR*X2;


%测量值图像      压缩感知处理后的图像
figure(2);
imshow(uint8(X3));
title('测量值图像');
imwrite(uint8(X3),'压缩后的1ena.bmp');
```

图 6.15　压缩感知生成测量值图像

6.6.2　图像还原

图像还原即为设计信号的恢复算法来对接收到的测量值图像进行恢复读取,来获得友方传输过来的作战信息,采用图像压缩处理的逆过程来对图像进行恢复。

(1)如图 6.16 所示,接收端将收到的测量值图像映射量化系列处理以矩阵 X4 来进行重构算法的计算,此时调用编写的 OMP 算法代码来运行恢复重构出图像信号 X5,信号重构的 OMP 算法如图 6.17 所示。

(2)对重构出来的图像矩阵 X5 进行像素逆置乱来解密,如图 6.18 和图 6.19 所示,逆置乱过程与发射端加密过程中的置乱操作步骤相同,还是加入改造的 Logistic 混沌序列来控制置乱的恢复,需要输入初始值 x(1)、r、t 三个参数与发射端设置相同才能够逆置乱解密,逆置乱过程仍旧是循环生成索引序列来升序排列,再对用排列的位置号寻找对应的像素点使其归回原来位置。

```
%%%        图像还原

%量化：将测量值图像映射到（0，255）
X3max = max(X3(:));
X3min = min(X3(:));


X4 = floor(255*(X3-X3min)/(X3max-X3min));


TT = X4;
X4 = TT*(X3max-X3min)/255+X3min;


%  重构算法：OMP算法
X5=zeros(L,H);    %  恢复矩阵
% MR1= Logistic1(a,N);
]for i=1:H  %  列循环
     rec=omp(X4(:,i),MR,L);


     X5(:,i)=rec;
- end
```

图 6.16   图像还原的初步处理

```
%  OMP算法
%  s-测量；T-观测矩阵；N-向量大小
function hat_y=omp(s,T,N)

Size=size(T);                                    %  观测矩阵大小
M=Size(1);                                       %  测量
hat_y=zeros(1,N);                                %  待重构的谱域(变换域)向量
Aug_t=[];                                        %  增量矩阵(初始值为空矩阵)
r_n=s;                                           %  残差值

for times=1:M/4                                  %  迭代次数(稀疏度是测量的1/4)
    for col=1:N                                  %  恢复矩阵的所有列向量
        product(col)=abs(T(:,col)'*r_n);         %  恢复矩阵的列向量和残差的投影系数(内积值)
    end
    [val,pos]=max(product);                      %  最大投影系数对应的位置
    Aug_t=[Aug_t,T(:,pos)];                      %  矩阵扩充
    T(:,pos)=zeros(M,1);                         %  选中的列置零(实质上应该去掉，为了简单我把它置零)
    aug_y=(Aug_t'*Aug_t)^(-1)*Aug_t'*s;          %  最小二乘，使残差最小
    r_n=s-Aug_t*aug_y;                           %  残差
    pos_array(times)=pos;                        %  纪录最大投影系数的位置
    if (norm(r_n)<9)                             %  残差足够小
        break;
    end
end
hat_y(pos_array)=aug_y;                          %  重构的向量
end
```

图 6.17   信号重构的 OMP 算法编写

```
%  矩阵的逆置乱
X6=decrypt(X5);
%  X5逆置乱为X6;
```

图 6.18　主程序中图像的逆置乱

```
function dd=decrypt(P)
 [m,n]=size(P);
 x(1) = 0.7314;    %
 r = 3.999;
 t=50; % 丢弃数值的起始值

    for i = 1:t+m*n
         if x(i)<0.5
             x(i+1) = mod((r*x(i)*(1-x(i))+(4-r)*x(i)/2),1);
         end
         if x(i)>=0.5
             x(i+1) = mod((r*x(i)*(1-x(i))+(4-r)*(1-x(i))/2),1);
         end
    end
    x1 = x(t+1:t+m*n);   %生成了t+mn个数,丢弃前t个数,后mn个数组成x1为索引序列
[~,num]=sort(x1);
Y=zeros(m,n);
for i=1:m*n
    Y(num(i))=P(i);
end
dd = Y;
```

图 6.19　图像逆置乱解密的算法编写

(3)对发射端处理步骤的反操作,如图 6.20 所示,用压缩稀疏化时进行矩阵运算的相反运算来小波反变换,将解密后得到稀疏图像信号 X6 从稀疏域中小波反变换恢复出来为矩阵 X7,再将 X7 调整为我们所传输的大小 512×512 的矩阵,此时 X7 就是图像恢复的结果。toc 停止计时,计算从秒表计时器 tic 开始计时到 toc 结束计时的时间间隔,单位为秒(s),能够对图像压缩感知全过程时间有所把握。

```
%  恢复图像
X7=W'*sparse(X6)*W;   %  小波反变换
X7=full(X7);
toc
```

图 6.20　主程序中小波反变换编写

(4)接收端显示还原图像,接收端根据显示出的图像信息包含的战场信息开展接下来的战术行动。建立图形窗口 figure3 用 imshow 函数将还原图像的矩阵 X7 显示,同时 imwrite 函数将图像存入程序目录所在的文件夹中,命名为"还原的 lena",如图 6.21 所示。

```
figure(3);
imshow(uint8(X7));
title('还原图像');
imwrite(uint8(X7), '还原的lena.bmp');
```

图 6.21 显示和存入还原图像

6.6.3 Logistic 混沌映射

将混沌映射加入图像的压缩感知过程是本书所研究的一个创新点,在第二章和第四章中分别概述过混沌的特点、Logistic 映射的算法公式以及参数条件,在算法仿真中对 Ligistic 多次利用,在发射端的图像置乱加密中用混沌序列控制像素置乱、在生成观测矩阵中以混沌序列控制生成 Hadamard 矩阵、接着在接收端图像恢复过程中依旧用混沌序列控制反解密像素置乱,本小节以图像加密过程中像素置乱操作 encrypt.m 为例来进行叙述。

```
% 置乱操作
function ee=encrypt(P)
 [m,n]=size(P);
 x(1) = 0.7314;
 r = 3.999;
 t=50; % 丢弃数值的起始值

    for i = 1:t+m*n
        if x(i)<0.5
            x(i+1) = mod((r*x(i)*(1-x(i))+(4-r)*x(i)/2), 1);
        end
        if x(i)>=0.5
            x(i+1) = mod((r*x(i)*(1-x(i))+(4-r)*(1-x(i))/2), 1);
        end
    end
    x1 = x(t+1:t+m*n);  %生成了t+mn个数,丢弃前t个数,后mn个数组成x1为索引序列
[~,num]=sort(x1);
Y=zeros(m,n);
for i=1:m*n
    Y(i)=P(num(i));
end
end

ee = Y;
```

图 6.22 加入混沌映射算法的程序编写

图 6.22 所示为编写的混沌映射的算法代码,x(i)的取值范围为(0,1),初始值取在此范围内,循环语句中利用 mod 1 来保证 x(i)每一个值在此范围内,r 取值范围为 3.569 945<r≤4,如图 6.23 所示,取值越接近 4,生成的混沌序列取值越随机,映射能够更加处于混沌状态,因此,本书参数 r 设置为 3.999 来达到更好的混乱混沌序列的效果。

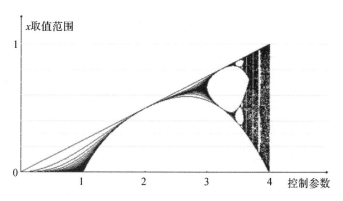

图 6.23　初始值 x(1) 为 0.5 时迭代 300 次的混沌取值

参数 t 的设置能够为混沌序列的混乱再加一层保密效果,算法迭代次数在 512×512 基础上再加 t 次生成更多混乱的序列值,后面只需再将序列值舍弃 t 个恢复到 512×512 个序列值来对应图像矩阵的像素点数来置乱,参数 t 对参数 x(1)、r 所决定的混沌序列取值进行多 t 次取值,使索引序列的混乱程度增加从而提升保密性。

6.6.4　图像输出和对比

本小节对 6.3.6 节进行的仿真实验所得出的结果进行分析对比,运行主程序将原始图像、测量值图像、还原图像分别建立图像显示窗口 figure1、figure2 、figure3 进行显示。图 6.24 为原始的灰度图像 lena512;图 6.25 为加密压缩之后的测量值图像,其宽度只有原始图像的一半,是因为在设计观测矩阵时加入了图像的压缩比,本书将压缩比设置为 0.5,因此出现了原始图像一半的测量值图像。此外,可以看到测量值图像的加密效果也是相当好的,像素点置乱后呈现出的图像是乱码图像。图 6.26 是还原图像的显示窗口,整体上将原始图像信息恢复显示了出来,LVC 平台中流转传输的信息从发射端顺利传输到接收端并被读取。

图 6.24　原始图像显示

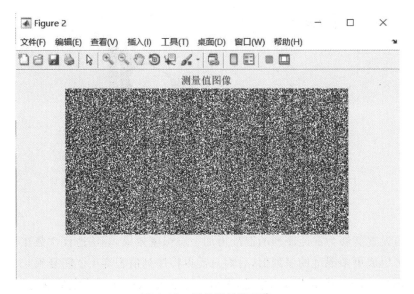

图 6.25 显示测量值图像

图 6.26 还原图像显示

接下来对原始图像和还原图像进行对比,如图 6.27 所示,在主程序后面再建立图像窗口 figure4 来将两幅图像同时放在此窗口中方便进行比较,下面是主程序调用计算相似度系数函数和信噪比计算的函数,在命令行窗口中读出信噪比为 32.567 8。

图像对比效果如图 6.28 所示,对两幅图像放大进行观察,可以发现还原图像与原始图像不是百分百的一致,其中一部分像素没有恢复出来,还原图像在一些细节上有些许的下次,但是总体上没有影响到图像信息的传输,要流转的信息成功被传输,能够支持 LVC 平台中的情报传递,达到了本章研究所要达到的目的效果。

```
83 -    figure(4);
84 -    subplot(121);imshow(uint8(X)),title('原始图像');
85 -    subplot(122);imshow(uint8(X7)),title('还原图像');
86
87
88
89      % 计算峰值信噪比(snr)
90 -    SNR=snr(X,X7)
91 -    CO = co(X,X7);
92
93
```

命令行窗口

　时间已过 29.805032 秒。

　SNR =

　　32.5678

fx >>

图 6.27　图像显示对比与计算信噪比输出

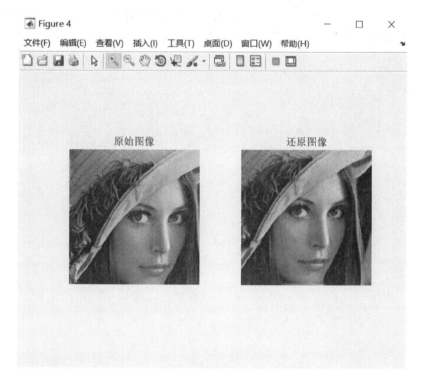

图 6.28　图像对比显示

6.7　本　章　小　结

本章主要针对 LVC 仿真训练平台的图像数据交互流转的安全性、高效性进行了研究，主要从图像信息的压缩加密传输入手，分析了 LVC 对图像传输信息安全要求，研究了当前图像加密算法与压缩感知技术，运用压缩感知理论的思路来处理图像，创新性地将混沌映射结合到压缩感知技术中来实现面向 LVC 的图像信息安全、高效传输。

CS 理论是信号处理方面的新型热门技术，信号的处理不用受到奈奎斯特定律的限制，在学习压缩感知技术的过程中深刻体会到这一理论的价值，将信号以矩阵进行数学运算的方法直观体现其处理过程。混沌加密理论是非线性的混乱状态无规则地产生复杂的随机序列值，特别适合应用于信息的安全通信方面研究，在尝试将混沌映射加入压缩感知对图像的处理之后效果较好，算法实现上较为成功，图像信息较好地从发射端传输到接收端，检验了混沌映射与压缩感知技术应用在 LVC 平台上进行信息交互流转的适用性，提高了图像信息传输的安全性、高效性，为 LVC 的信息传输机制提供了优化的方向，为航空兵开展 LVC 仿真训练提供了更加先进的支撑。未来航空兵利用 LVC 仿真平台进行训练演练的机会将会越来越多，贴近实战、降低成本、高效训练、有效评估都能够通过 LVC 仿真系统来实现，构建安全、可靠的传输机制和信息加密技术对训练中数据情报传递有着重要的意义。面向 LVC 的压缩感知技术有着很大的发展空间，引入的混沌映射还可以挖掘出更大的潜力，能够尝试更多方面的组合应用，科学技术将会在强军的道路上走得更远。

第7章 区块链技术在LVC分布式
仿真中的运用

随着信息化技术的发展和实战化要求的提高,LVC分布式仿真系统正向着更加注重实战训练的有效保真以及即时处理方向发展。区块链技术的出现为LVC数据安全存储和共享提供一个安全、可靠和去中心化的数据共享环境。本章将基于区块链的LVC数据共享关键模型与技术进行研究和讨论。对基于区块链技术的LVC数据共享模型进行研究,共享系统架构,利用分布式传感系统与区块链相结合的数据共享架构,将所有共享传递中的关键信息存储到数据链上,保证不可篡改并且可追溯,同时实现节点间数据主动共享。在此基础上,研究基于区块链的LVC数据共享机制。利用区块链技术,凭借拜占庭容错共识机制、基于算力资源的访问录入方法,提出基于联盟区块链(简称联盟链)的数据可信共享机制,实现数据的可信传输、关键节点对数据可信度的掌握以及链内节点合法身份的认证。构建节点进行初级仿真,模拟数据共享基本形式,对本章架构的数据共享联盟链基本性能进行仿真验证,验证其实现的可能性以及安全性等其他主要性质。

7.1 基于区块链的数据共享
联盟链的构成

在LVC仿真架构系统中,传感网络利用传感观测器对闭环系统里的装备、人员、战斗情况等进行实时监控,收集各类监测数据以及人员装备情况,了解其实时数据并并对数据进行初步的统计以及分类,并将整合统计后的数据通过天线、电缆等手段迅速发送至各个传感节点,进行进一步的整理、归纳,简单地分析战斗情况或者装备性能,做出初级的判断。传感网络的传感节点收集好传感数据后,把数据整合后发送到自身对应的关键节点,可以认为这些关键节点起着数据聚合器的功能作用,例如指挥部、控制中心等具备较大算力资源的单位。

关键节点负责实时分析传感数据,响应LVC架构系统的整体运行。在本书中假定的这些关键节点将会通过无线网络、电缆光纤等相互连接、通信,从而保证整体的LVC架构系统可以协同合作,共同分析共享数据,减轻系统整体面对大量数据的压力。具体而言,特定的关键节点在分析自身所处的位置收集到的数据后,通过无线网络、电缆光纤等通信手段与其他关键节点收集获得的数据共享,或者通过数据共享链向其他关键节点申请共享得到自身所需数据后,综合分析得到自身节点模拟仿真结果,从而保证了数据分析的时效性和所得到的分析结果的正确性。

经过一段时间的积累后,该关键节点对自身的仿真模拟结果的积累数据将通过数据共享联盟链进行安全存储,以数据区块的形式在共享至其他关键节点完成共识过程后录到数据链上,从而在保证数据的可靠性、不可篡改性、可追溯性的同时,便于后续进一步深入分析统计。数据共享联盟链是以部分关键节点为基础建立的联盟区块链。在数据共享联盟链中,需要进行一个对数据的审核阶段即共识过程。公有区块链的共识过程在所有的节点中进行,这样的方式会给大部分的传感节点造成很大的资源占用。因此,在本章所设想的基于区块链的 LVC 数据共享中,使用联盟链技术在预先选定好的关键节点上执行共识过程,比如红、蓝双方,指挥部,各个装备负责人等具有一定算力资源进而实现裁决能力的关键节点。交由这些关键节点进行控制共识过程并审核、决议具体交由谁来获得数据写入资格,同时有权利在数据共享联盟链中发出任务询问。关键节点想要获取除了自身收集到的信息外的资料,可以通过数据共享联盟链,凭借无线网络以及电缆光纤等通信手段,向其他相邻关键节点进行询问,收到询问后的节点在进行自我检索确认后,可以凭借相同途径向其他关键节点继续进行询问,以实现链内检索直至获取到相关信息后进行回复。在此过程中,各个节点的每次信息交互都会有各节点的逐次加密,通过数字签名、时间戳等实现信息记录的可回溯以及不可篡改性,也保证了各节点之间跨区间跨种类的数据共享,其过程如图 7.1 所示。

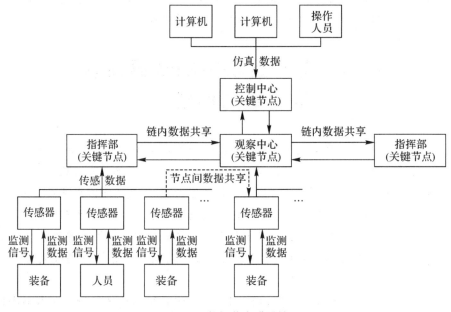

图 7.1　数据共享联盟链

而数据共享联盟链内主要包括以下部分。

(1)传感数据。本章提出的 LVC 架构系统中的传感数据最终以区块形式存储在闭环系统的指挥部或处理中心等具备良好存储计算能力的关键节点之中,这些传感数据包含特定节点的数据种类,以及关键节点存储的区块标签、区块索引库等,还包括传递传感数据过程中各个节点所加的时间戳等。这些信息数据通过数据加密和数字签名技术保证其真伪可验证和保真性。

(2)数据区块。在 LVC 系统中,所有的传感数据都将在通过关键节点审核决议,确认数据的有效性后,才会存储在关键节点中,进而在全体节点中进行共享。由于传感节点的计算能力以及存储空间有限,因此,在 LVC 架构系统中的传感节点不用直接存储大量的传感数据,可以存储传感数据的索引列表。这个索引列表是表明传感数据在上传后的具体存储位置,交由关键节点负责收集并管理本地的传感数据。这些传感数据在被所有预先选取好的关键节点之间审核决议通过(即完成共识过程)后,就会被压缩整理成数据区块。每个新产生的区块会包含有链接到之前区块的加密哈希值,而这个哈希值能用于追溯和校验数据区块的各项信息。

(3)算力证明。算力证明简单理解就是用来确认有关节点是否具备充足的资源或者具备一定量的算力。本章假定的系统在将新的数据区块写入区块链之前,系统在某个时间段内对传感数据的审计、决议的权利需要在预先选取好的关键节点之间进行竞争获取,便于空闲无任务的关键节点能有效利用自身资源,避免浪费或者占用算力。关键节点的算力证明类似于比特币的工作量证明。最快得到有效算力证明的关键节点将获得负责权利,负责审计、决议传感数据并把它们组建到数据共享联盟链上成为新的数据区块。在本章中假想的LVC 架构系统在数据共享联盟链构建完成时,便选取好预定的主要节点,避免作战时或者演习训练时浪费占用系统资源,若在系统运行过程中出现负责节点失误或瘫痪,则继续进行这一过程来选出负责节点履行职责。

7.2　区块链的类别和选择

作为分布式去中心化的技术,区块链逐渐为广大学者所认知,从最初的代币,到一种去中心的落地技术,区块链真正走进广大科研学者视野是在 2014 年,随着物联网技术和分布式计算的飞速发展和落地,特别是以比特币为代表的互联网金融的兴起,加速了区块链技术在更多场景下的应用。"区块链 2.0"成为一个关于去中心化区块链数据库的术语,最早的区块链技术是公有链区块链,其技术特征是基于工作证明(Proof of Work,POW)或者是"挖矿",其本质是依靠节点算力维护整个区块链网络的共识机制,并且给算力高的矿工一定数额的奖励。

但是这种公有区块链是完全开放的,所有节点都可以接入,也就是说节点是非实名制的。尽管其开放性好,但是某些应用场景下,无法保证节点的身份,对于无监督的环境显然是不适用于航空集群这类对作战任务极受监督的网络系统。表 5.1 对比了公有区块链、私有区块链和联盟区块链的区别和各自的应用场景。

表 7.1　各类区块链特性比较

	公有区块链	私有区块链	联盟区块链
参与者	任何节点自由进出个体或者集团内部	机构内部	联盟体系内节点
共识机制	PoW、PoS、DpoS	PBFT、RAFT	PBFT、RAFT
记账人	所有节点	机构内部节点	联盟许可节点
激励机制	必须	不需要	可选
中心化程度	完全去中心化	中心化	多中心化
承载能力（笔/秒）	3～20	1 000～100 000	1 000～10 000
突出特点	不需要可信第三方	透明、安全、高效	高效、低成本、风险可控

公有区块链无论采用哪种信任机制,其作为信任机器,完全去中心化的场景在应用过程中存在诸多安全隐患,特别是金融、医疗、军事背景下的环境,对于数据的私密性和安全性要求更高的场景,公有区块链不能很好地适应。私有区块链作为私密性较高的内网结构,能够保证节点之间的紧耦合关系和数据的隐私性,但不支持记账节点的动态更新机制,其中心化的共识机制使得其适用范围大打折扣。

联盟区块链从私密性角度来看更多地偏向于是私有区块链,只是私有化的程度不同而已,可以认为联盟区块链是由多个私有区块链集结起来,每个私有区块链拥有共同记账人,由记账人共同维护网络系统。相比较私有区块链和公有区块链,联盟区块链在以下 3 个方面具备独到之处:

(1)联盟区块链本质上参与节点是受密码学保护的系统,区块数据也同时受到单项 Hash 的函数保护,因此,受到数字身份和密码学数据加密两重保护,更为安全。

(2)联盟区块链作为半可信系统,其可拓展的特性是弹性的,也就是可以根据区块链出块效率的需要,动态调节联盟链的规模,更容易对联盟链内的业务数据和业务量进行掌控。

(3)联盟区块链的共识机制类似于传统通信中的簇头,因此,只需要"簇头"参与共识机制,而不需要类似公有区块链一样的全网共同参加,因此保证恶意节点的参与,提高算法的执行效率。

因此,联盟区块链多中心的体系架构和多节点协商的共识机制,可以实现不同架构、机构、行业间的数据跨域交互共享的现实需求,区块链技术自身具有不易篡改的数据区块链式结构,多方共同维护的共识机制、分布式存储的公开透明账本等特点,可以很好地解决跨域认证问题。跨域访问控制在中心化环境中是一类经典的密码学问题,而在半可信和非可信环境下,数据的可信化访问和共享是一个全新的问题。对航空集群作战任务而言,其智能合约设计是关系到集群区块链成败的关键,航空集群区块链从外部环境来看是半封闭的体系,在集群内部,不同功能系统上下文图(System Context Diagram,SCD)之间也是很相对独立的,这种有限度的互联互通,保证了相对的隐私安全,也造成区块链之间彼此数据隔离。

7.3　基于区块链的 LVC 架构系统的运行

在基于区块链的 LVC 架构系统中,大部分的传感节点是交由一个关键节点来整合管理的。由于作战装备的要求,传感节点不会具备过多的拓展设备,因此,将传感数据传递至专门搭载相关设备的关键节点进行负责相关功能。

基于区块链的 LVC 数据共享联盟链中的关键节点负责区块链的数据记录和自身节点信息采集以及处理,如图 7.2 所示。区块链的数据记录就是存储联盟链即其他节点的共享数据,同时控制自身负责连接的传感器所上传的感知数据,并负责将其交由数据共享联盟链中所规定的智能合约去执行来实现链内信息资源的数据共享。智能合约就是一种以数字形式所规定的由联盟链系统进行强制执行从而确保人为篡改的类似行为被杜绝的协议,其中包括参与智能合约的各方都可以在上面执行这些承诺,由系统保证执行的强制性、可靠性以及公开性。从某种角度上讲,智能合约工作的原理就像是制定在人类社会中的法律法规一样,一旦一个事先设置好的条件被满足并触发时,智能合约就会自动去强制执行相应合约所规定的内容。而在本章中假定的 LVC 架构系统中,智能合约就是在安全环境下运行的计算机程序,结合点对点网络、共识机制、非对称加密技术以及数据库技术等构成了数据共享联盟链这样一种低成本、高可靠性的共享环境。在达到了执行智能合约的触发条件后,智能合约会主动进行数据访问和共享请求,依据事前设置好的约束条件进行传递数据、信息共享等操作。本章所使用的符号及其详细解释见表 7.2。

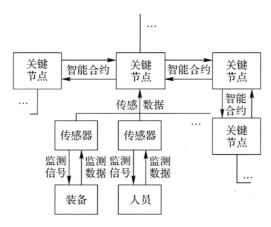

图 7.2　关键节点功能

表 7.2　主要符号及其含义

符　号	含　义
Timestamp	时间戳
x→y	节点 x 向节点 y 传递数据信息
PK_x、SK_x、$Cert_x$	x 节点的公钥,私钥以及证书

续 表

符　号	含　义
SN$_x$	传感节点 x
CN$_x$	关键节点 x
Sign(m)	使用实体 x 的私钥对信息 m 进行数字签名
(m)	使用实体 x 的公钥对信息 m 进行加密
Hash_m	信息 m 的哈希值
x ‖ y	元素 x 连接元素 y
Cert$_{Nx}$	节点 x 的数字证书
Sign	节点 x 的数字签名

数据共享联盟链的运行过程中,其主要功能包括有传感数据的整合录入和单个节点间的数据共享。

7.4　区块链内传感数据存储记录

(1)系统搭建和生成密钥。本章采用数字签名技术来实现系统内数据共享链初始或者重新搭建。传感节点(以传感节点 A 为例)首先通过 LVC 系统关键节点的身份认证审核,即交由关键节点(以关键节点 X 为例)进行审核,完成共识过程,然后成为数据共享联盟链的合法节点,并获得用于加密上传数据的数字证书以及密钥 PK$_{SNA}$、SK$_{SNA}$、Cert$_{SNA}$,传输过程利用非对称加密确保传输正常进行,传感节点能准确收到信息,同时每次传输附上数据信息的哈希值提供校验。上述过程表述如下。

$$CN_x\,send\,Record\,to\,SN_A$$
$$Recora = (Data_{-PK|} \quad Data_{-hash|} \quad Cert_{CNX|} \quad Sign_{CNX|} \quad time\ stamp)$$

其中:

$$Data\_hash = Hash(Data_{-PK|} \quad timestamp)$$
$$Sign_{CNX} = Sign_{SKCNY}(Data_{-PK|} \quad Data\_hash)$$

当系统内有新加入的节点时,新加入的节点会从所属的关键节点的数据存储记录中下载获取当前数据共享联盟链的元数据索引库(即数据区块存储位置的索引表,如图 7.3 所示)。

(2)上传传感数据。传感节点 A 先发送上传请求给所属关键节点 X,其中在这个上传请求中会包含此节点当前使用的数字签名 Sign$_{SNA}$,从而作为关键节点验证数据来源的可靠性的依据。关键节点 X 在接收到请求后,首先验证传感节点 A 的请求和身份信息,确认其属于链内合法节点然后回应其上传请求。传感节点使用当前自身数字签名的公钥 PK$_{SNA}$ 加密传感数据,并附上加密数据的哈希值以及自身数字签名 Sign$_{SNA}$,然后使用对应关键节点 X 的公钥,对上传记录进行再次加密得到最终上传数据。上述过程表述如下。

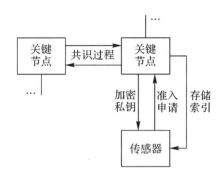

图 7.3　合法节点入链过程

$SN_A\, sendRecordeoCN_x$

$Record = E_{PKCO_Y}(Data\_1 \parallel \quad Data_{-hash} \parallel \quad Gert_{SNA} \parallel \quad Sign_{SNA} \parallel \quad time\ stamp)$

其中：

$Data\_1 = E_{PKSA_A}(Data \parallel \quad time\ stamp)$

$Sign_{SNA} = Sign_{SKSN_Y}(Data\_1)$

（3）关键节点收集整合上传的传感数据。关键节点 X 对收集的传感数据来源会进行审核，如果传感数据来源合法、内容有效，即可存储到自身的数据区块记录中。如果不是合法有效的数据，那么放弃该部分数据并对相对应节点签名进行审核。

（4）关键节点算力证明。关键节点在收集到传感数据后并不会第一时间进行整合共享，在设定一个时间（例如 20 min 后），这段时间收集到的所有数据做一个累积后，关键节点 X 会把这些收集的合法有效的数据整合成数据区块，表示为 $Data\_set = \{Records \parallel \quad time\ stamp\}$，然后会对数据区块进行签名，保证数据区块来源的合法性和可追溯性。此时除去发出信息资源需求，以及整合数据区块的关键节点，空闲的关键节点会开始寻找有效的算力资源证明以争取审核写入本次数据区块的资格，避免数据共享链内资源浪费占用关键节点的算力。这里的算力证明是指关键节点依据随机数进行计算和上一个区块的哈希值、时间戳等数值来计算当前区块的哈希值。最先计算出特定随机数的关键节点（以 X 为例）将当前数据集合和计算出来的结果通过数据共享联盟链共享给剩余的关键节点，以便对此进行审核和校验。若其他关键节点也认可这个最快计算出的算力证明，则该关键节点 X 将获得将先前节点累计收集的数据区块整合成新的数据区块，并存储在数据共享联盟链的权利。而后续的算力证明将在整合后的数据区块上进行后续的计算。这个步骤用来确定某个时间段内的数据区块录入管理权限，落实到实际应用，则是决定某次演习或训练的数据录入交由哪个节点来执行。

（5）关键节点之间的区块共识过程。最快计算出有效算力证明的关键节点将成为当前共识过程的主要节点（可以标记为 Leader，即关键节点 CN_L，负责主导共识过程进行，其余关键节点将成为从属节点。本章假想的数据共享联盟链利用拜占庭容错（Practical Byzantine Fault Tolerance，PBFT）共识机制实现区块共识过程。利用其算法特性，从而有效地提高区块共识速度，提高系统利用率。PBFT 算法具体共识过程如下（见图 7.4）。

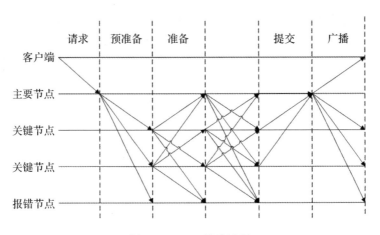

图 7.4 PBFT 算法过程

1)客户端即其他关键节点首先向主要节点(以 X 为例)发送请求,在主要节点认证确认其身份的可靠性与安全性后,客户端将一定时间内累计整合后的数据区块,通过私钥加密后,附上签名以及区块哈希值发送至主要节点。收到消息后,主要节点凭借公钥及签名等对信息数据完整性进行确认。

2)主要节点在收集确认完所有上传的数据区块后整合形成一个新的数据区块,同时加上主要节点的数字签名和新的数据区块的哈希值以备后续追溯校验。主要节点向除自身外的所有关键节点广播共享新生成的数据区块进行校验。上述过程表述如下。

CN_x sendRecordtoALL

Record = (Data_set ‖ Data_hash ‖ CertM CNX ‖ $Sign_{CNX}$ ‖ time stamp)

其中:

Data_hash = Hash(Data_set ‖ timestamp)

$Sign_{CNX}$ = $Sign_{SKCN_Y}$(Data_set ‖ Data_hash)

3)其他关键节点在接收到整合后的数据区块后,通过主要节点 X 发送过来的区块哈希值和数字签名等信息可以验证该数据区块的安全性和可靠性,并把各自的校验结果加上各自的数字签名后共享给除了自身外的剩余关键节点,从而实现了所有关键节点之间的相互监督和共同查验,避免了利用部分节点进行集体伪造或者出现部分节点损坏宕机的情况。

4)从属关键节点(以 Y 为例)在接收并汇总其他从属关键节点的审核结果后,与自身的审核结果进行对比,在得出对比结果后会向主要节点发送一个响应回复,响应回复里面包括从属关键节点 Y 自身的审核结果、收到的所有校验结果、审核对比的结论以及相对应的节点的数字签名。上述过程表述如下。

CN_Y sendReplytoCN_L

Reply = E_{PKCN_T}(Data_3 ‖ $Cert_{CNY}$ ‖ $Sign_{CNY}$ ‖ time stamp)

其中:

Data_3 = (my_result ‖ Rece_results ‖ Comparison)

$Sign_{CN_Y}$ = $Sign_{SKCNY}$(Data_3)

5)主要节点汇总所有来源于从属关键节点的审核校验回复。若所有关键节点都赞同当前数据区块的合法性和可靠性,则主要节点将把该数据区块连同参与此次审核决议的从属关键节点的身份信息,以及对应的数字签名整合后发送给所有关键节点。然后,该数据区块将以时间戳来判断先后顺序将数据区块存储在数据共享联盟链中,完成对客户端的回复,主要节点也结束本次任务,而对于本章所讨论的特定环境,主要节点可以一直为控制中心等具有大量算力的节点。上述过程表述如下。

CN$_L$ sendData_blocktoALL

Data_block＝(Data_4 ‖ Sign$_{CNL}$‖ Sign$_{CNY‖\ timestamp}$)

其中:

Data_4＝(Data_set ‖ Data_hash ‖ Cert$_{CN}$ ‖ timestamp)

Sign$_{CNL}$＝Sign$_{SKCNL}$(Data_4)

6)如果有部分关键节点不支持当前的审核结果,主要节点将审核和校验这些从属关键节点的审核校验结果。条件允许时,主要节点可以选择重新发送该数据区块给这部分关键节点进行再次审核,若结果仍为不支持或者仍存在关键节点不支持,则将采取少数服从多数的原则。在事前约定一个比例(以 70％为例),超过指定比例的关键节点对该数据区块的可靠性给出支持,则判断该数据区块可靠有效,将该区块按步骤 5)所述的方式记录到数据共享联盟链中。

同时,主要节点将会进一步审核先前不支持的少数关键节点的审计结果以及节点本身的合法性,判断这些关键节点是否存在恶意拒绝行为,将以停止其节点合法性等行为禁止其继续破坏。此步骤有利于及时发现并剔除非法敌对势力渗入我方中的关键节点,从而保证本 LVC 架构系统的安全、稳定运行。

7.5　区块链内节点间数据共享

在本章构想的 LVC 架构系统中,各类传感节点收集上传到数据共享联盟链上的实际数据已经被具体负责管理控制数据的关键节点通过不同的假名私钥进行加密,关键节点有能力控制并能经由其来实现与其他节点的数据共享,以保证 LVC 架构系统内部数据的共享流通以及 LVC 系统的高效运行。但是个别节点产生对特定数据的需求时,需要跨域搜寻。此时关键节点之间如何协调会影响其工作效率。

根据当前平台跨域数据共享能力不强的问题,借鉴发布-订阅模型的机制,提出基于联盟链的节点间数据定制机制,为数据共享提供高效、异步的数据定制能力。由于传统的点对点、客户端-服务器通信模式需要需求方在发送消息后持续等待响应,限定了需求方与发送方在时间、空间上要求耦合紧密。在面对大量的信息数据时,节点无法实现准确、高效、可扩展的对特定信息的获取,导致数据共享效率和信息资源利用率的下降。在本章假想的 LVC 系统中,通过构建记录通信关系的中间件,利用过滤机制将信息数据分流分发,最终使消息的发送方和接收方在时间、空间上实现解耦。

本章假想的 LVC 架构系统的不同节点之间的数据共享交由执行于关键节点之间的智能合约来完成。在本章假想的系统中,关键节点可以设定数据共享的范围、条件、时间限制等约束条件,对其余合法节点在规定时间内提供数据分享。使用智能合约自动执行约束条件来规范数据访问者行为。这些约束条件通过电脑预先编程在加入联盟链的节点上自动执行,保证数据共享的合法性和可靠性。基于上述模式,对建立在联盟链基础上的节点间特定数据共享服务整个过程中的主要信息数据流通表示如下:

(1)特定数据共享:某个节点创建特定数据共享,会向智能合约提交所需求的信息数据的关键信息或者数据种类。由智能合约在所有数据中进行检索,如果有满足搜索条件的数据,那么将其整合至一个特定的数据区块,该区块都满足特定数据的需求。

(2)数据上传:每当有新的传感数据上传至链内时,智能合约会自动选取信息数据中的关键词(例如哈希值、数据种类等),经过初步筛选、整合后,进入规定有对应要求的区块。

(3)需求反馈:区块链智能合约自动检测有新的需求与区块匹配。

节点间数据共享如图 7.5 所示,当面临使用智能合约执行节点间数据共享的场景时,如果节点 Y 向数据共享联盟链内请求特定数据共享,应首先向所属关键节点 L 发出申请,关键节点 L 对其身份进行审核,通过后交由关键节点 L 向数据共享链内发出请求。各个关键节点收到请求后,交由智能合约对自身数据进行校验,没有则将请求传至其他关键节点。现有关键节点 X 持有其所需数据。关键节点 X 会响应关键节点 L 的请求,当关键节点 L 向关键节点 X 请求共享传感数据时,首先关键节点 X 会对关键节点 L 的身份进行校验,与 L 完成共识过程后,X 会制定数据共享的约束条件(例如数据共享范围、时效以及内容等),然后联盟链内的智能合约根据关键节点 X 提供的私钥将数据解密,并依据约束条件输出对应共享数据。同时在输出数据给关键节点 L 之前,使用其自身所提供的公钥对共享数据进行加密,L 再通过自身私钥进行解密得出所需数据后,将获取数据回应提出请求的传感节点 Y,通过加密传输完成此次数据共享。上述过程分步骤表述如下:

当某节点 Y 需要部分特定数据且自身无法探测收集时,通过所属关键节点在联盟链内提交对特定信息数据的共享请求,请求中包含对特定数据的描述例如哈希值、Merkel 根值等关键信息。联盟链内的其他关键节点在收到共享请求后利用哈希值等与自身存储的相应关键信息进行比对,如果确认自身没有存储所需信息,那么向其他关键节点继续传递请求。如果检测到自身存储有所需数据,那么再向其余节点发送一个响应,同时回应共享请求。例如节点 X 在检测到所需数据后,回应节点 L 的请求。

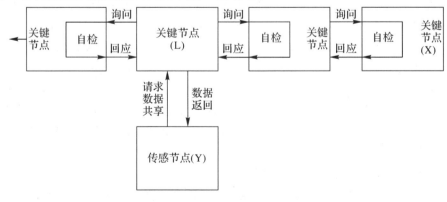

图 7.5 节点间数据共享

关键节点 L 在收到来自 X 的响应后会向响应节点 X 发出信息数据共享的请求,请求中包含访问目的、时间以及自身节点合法性的验证信息等。响应节点 X 在校验完毕节点 L 身份的合法性后,会根据节点 L 的此次请求,制定数据共享的限制条件(例如数据共享范围、时间等)后,允许数据区块共享。同时会将限制条件和共享数据区块对应的签名密钥发送给关键节点 L,上述过程具体表述如下。

$CN_X sendRequesttoCN_L$

$Request = E_{PKCN_Y}(Request \parallel Cert_{NY} \parallel timestamp)$

$CN_L sendMessagetoSN_Y$

$Message = E_{PKCN_T}(Constraints \parallel SK_{CNX} \parallel PK_{SNY} \parallel time\ stamp \parallel Cert_{CNX})$

若申请数据共享的发起节点和发送共享数据的节点隶属于同一个关键节点的覆盖范围内,则该关键节点可以直接作为中转节点负责将共享数据区块发送给申请数据共享节点;若位于不同的区域,隶属于不同的关键节点负责,则发送节点将共享数据先上传至所属关键节点,通过联盟链传递至当前负责执行智能合约的关键节点,交由其负责传递、将数据区块加密,然后发送到对应的关键节点,再由关键节点具体传递数据。上述过程表述如下。

$SN_X sendShared\_DatatoCN_L$

$Shared\_Data = E_{PKCNY}(Data\_2 \parallel time\ stamp \parallel Cert_{SNX})$

$CN_L send\ MessageSN_Y$

$Message = E_{PKSNY}(SK_{SNX} \parallel PK_{SNY} \parallel timestamp \parallel Cert_{SNX})$

其中:

$Data\_2 = E_{PKSN_Y}(Dato \parallel Cert_{CNL} \parallel timestamp)$

所属关键节点在校验信息后,交由系统自动执行相对应的既定智能合约,根据共享数据发送节点设定的访问约束条件,执行既定程序。限定接收数据方只有在满足约束条件前提下,才能对数据进行访问,并且需要提供指定密钥。通过智能合约,以固定程序的形式保证共享过程中,完全按照事先约定传输以及保密。基于智能合约的强制性,一方面确保不会有人为修改及伪造等,一方面防止共享过程中遭到敌对节点的篡改、窃取,确保数据区块的安全性以及数据共享过程的进行。

申请共享数据的节点在收到数据区块后,会通过对应公钥解密区块得到所需要的数据,同时对得到的数据信息进行检验。若信息数据在传递过程中受到敌对方攻击,遭到损坏或者偷换,则接收方在收到数据区块后,无法实现解密获取数据或检验结果与对应身份信息不符,将被确认为不合法信息,接收节点将放弃本次数据共享。若消息安全无误,在传递过程中未经篡改或遭到偷换,则解密得到相同哈希值的同时可得到发送节点相关的签名信息完成验证,得以确认信息数据的合法性以及可靠性,实现此次节点间数据共享。

7.6　LVC 原型区块链系统的仿真模拟运行

受到现实条件的限制,利用实物对本章提出的系统架构进行验证讨论存在诸多不便,因此,本章利用 MATLAB 仿真软件对基于区块链的 LVC 架构系统的部分特点进行验证,采取对部分节点传输过程进行验证仿真,以一段数据实现节点间数据共享为例进行仿真实验和比对分析。

7.6.1 仿真实验

某地为适应新时代作战方式,研究新式战法以及检验新型装备的适用性,开展基于 LVC 架构的虚实结合训练。以实际新型飞机 J‐X0 飞行部队为主战单位,后方仿真系统模拟假想敌相配合,控制系统实时监控采集数据,在降低训练风险的同时提高训练效益。现有一指挥节点,为评估某架特定飞机作战能力,请求该飞机向其提供本机飞行参数及飞机运行状态。

在核实指挥控制节点的合法身份后,该飞机首先将本机状态以及参数等进行哈希运算,将哈希值后附在传递消息后,同时加上时间戳以及数字证书及签名,将其作为校验手段,防止传递的信息数据遭到篡改。上述过程具体表述如下。

经过上述运算后,X 节点得到自身所要传递数据信息的哈希值,为一段无法逆向推算的代码。将哈希值附在传递消息后,一并交由接收方进行检验,接收节点收到数据消息后进行哈希比对,通过观察是否一致,即可确定消息是否遭到篡改。

结合实际作战状况考虑,此次传输为基于电台设备的无线传输,而此时所得哈希值为 16 进制的随机代码(见图 7.6),首先将其转换为 2 进制的随机代码便于设备传输。将信息数据转换后,一并发送,实现信息数据的传递。上述转换过程具体实现如下。

```
% algs = {'MD2','MD5','SHA-1','SHA-256','SHA-384','SHA-512'};
clear all;
algs = {'MD2'};%哈希运算方法
iuput = '飞机状态正常,运行良好' %需要运算的文字
h=hasher(iuput,algs{1});%调用哈希算法
disp([algs{1} ' (' num2str(length(h)*4) ' bits):'])%打印运算方式
disp('哈希值: ')
disp(h)%打印运算结果
```

图 7.6　获取数据哈希运算结果

通过频移键控实现数据的传输后,接收节点收到调制后的信息数据,通过解调即可获得自身所需数据以及相应哈希值,相应数据信息具体传输形式表示如图 7.7 所示。

```
x='';
for i=32:-1:1
    h1=hex2dec(h(i));
    h2=dec2bin(h1);
    if length(h2)<4
        for j=1:4-length(h2)
            h2=['0',h2];
        end
    end
```

x＝[c,h2]

end

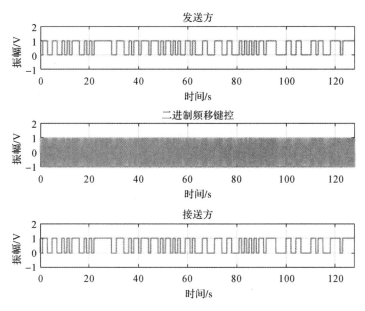

图 7.7　数据共享波形分析

　　在接收到发送方所传递的数据信息后,接收方同样会对数据信息进行哈希运算,将所得哈希值与所接收哈希值相比对从而完成检验,确认接收到的消息没有遭到篡改以及调换后,即说明此次数据共享成功,上述过程的具体实现如图 7.8 所示。

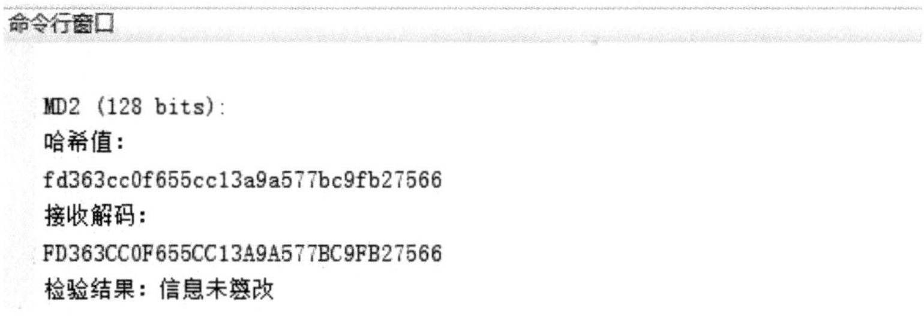

图 7.8　哈希值的接收与校验

7.6.2　数据的安全性和共享性分析

　　在信息数据传递共享过程中,验证信息数据真实性的哈希值为一串字母以及数字组成的字符串,且哈希值具有如下特点:若两个哈希值不相同(使用相同函数),则得到这两个哈希值的输入值必定不相同。这一特点可确保每次所得哈希值无法预测,不能逆运算,严格保证验证手段无法被伪造,以及链内数据共享验证手段的有效性,接收方只需对少量的哈希值进行校验即可确认信息数据的真伪。

在实现数据共享的传输过程中,当数据信息得到正确传输,以及所传递数据信息并未遭到篡改时,传递方与接收方所运算得出的哈希值应保持一致,表示在仿真过程中即为波形相同。其正确传输如图 7.9 所示。

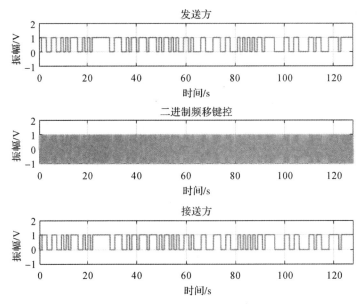

图 7.9　数据共享正确传输

但是战场环境多变,情况多样,无法保证数据信息百分百准确传输,当出现数据信息传递失误或遭到攻击篡改时,即显示上下传递波形不相同,此时过程具体表示如图 7.10 所示。

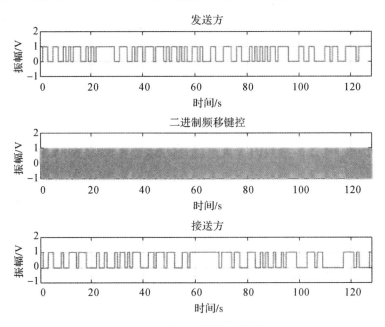

图 7.10　数据共享错误传输

此时接收方按照程序将所接收到的信息数据哈希运算所得哈希值与传递值相校验，即可确认此次共享失误，接收的消息不具有可靠性，可申请重新发送或终止共享等，具体过程表述如图 7.11 所示。

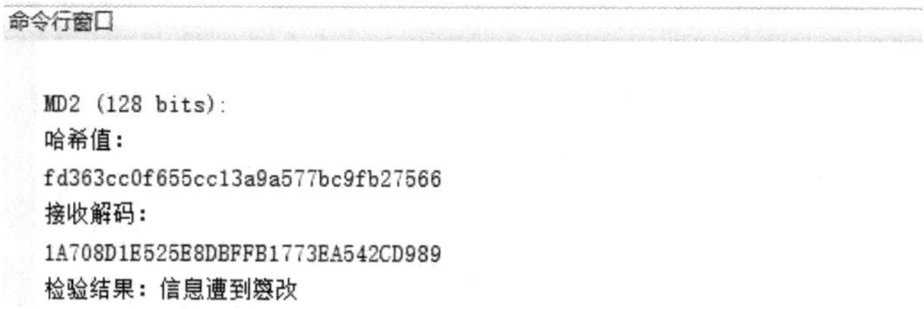

```
命令行窗口

MD2 (128 bits):
哈希值：
fd363cc0f655cc13a9a577bc9fb27566
接收解码：
1A708D1E525E8DBFFB1773EA542CD989
检验结果：信息遭到篡改
```

图 7.11　错误信息校验结果

联盟数据共享链凭借其分布式存储的本质特性同时利用签名技术保证恶意节点不能伪装成一个合法的节点来影响共享链内的数据存储。同时存储在联盟链上的各类数据是经由各个关键节点的密钥加密后整合存储至链上，除非恶意节点窃取到大部分关键节点的全套非对称加密密钥，否则无法获得完整数据，影响共识过程对信息数据的检验存储，从而实现对链内的共享数据进行伪造。

在本章构筑的数据共享联盟链中，构建之初会依据计算能力、存储能力等现实情况进行预选出预选节点，预选节点是事前经过考察审核过的，可信度较高的初始节点。后续展开使用时，后续加入的各个节点在准许进入数据共享链之前都会经过预选节点的共识讨论，同时共识过程具备将部分可疑节点剔除共享链的权力。这一机制确保了本章提出的 LVC 架构系统在实战演习中的适用性。

在数据共享链内，实际涉及存储详细数据的，只有少部分具有适宜条件的关键节点进行负责，对于大部分的传感节点以及部署在一线基层的传感器，并不需要提高自身的存储能力，只需存储元数据的目录索引，以及简易的通信能力，即可保证全体节点之间的数据共享，减少了一级传感节点的设备硬件要求。

在联盟链数据共享过程中，各个节点之间数据传输都会进行留下时间戳，极大地方便了后续追溯以及消息保真。同时在传输共享过程中，除了预选好的具有大量存储能力的节点外，各个关键节点也会对相应地数据进行备份。链内数据实现分布式存储，各个账本同步记账，确保信息数据共享过程中的可靠性。

在数据共享过程中，加密验证采用哈希函数，提高保密性的同时简化验证手段，降低设备要求的同时节约验证时间，使得节点在校验信息数据的真实性时，不需要太多的性能要求，以极小的设备条件实现信息检验，便于数据共享的实现。

7.7　区块链在 LVC 系统中的应用展望

随着时代发展以及进步，区块链技术的不可篡改性、可追溯性、安全性越来越为各界熟知并加以应用，至于 LVC 仿真技术的普及也只是时间问题。我国当前处于这一时代浪潮之前，要想在发展上不落于人后，不可避免地要面对这一变革，虽然我军在上述方面，特别是数据管理和建设上还有许多不足之处,例如存在基础设施不全、装备配备不到位、技术存在部分缺陷等问题,但是以长远的目光来看待,我们不能要求技术停留等待基础设施的建设,以当前我国的发展速度,配套的设施技术被实现也只是时间问题,因此,将 LVC 仿真系统与区块链结合,实现基于区块链的 LVC 数据共享对于我军在未来的发展有极其重要的现实意义。

本章提出的基于区块链的 LVC 数据共享链,结合了当前的新兴技术,致力于部队作战训练的现代化,就最终呈现效果而言,可有效解决当前部队在实战演习上遇到的诸多困难,部队训练演习可以极大减小受地形、天气、装备等其他因素影响,确保训练演习结果保质保真,避免再次出现"练为演"的形式主义,推进部队战斗力提升有效进展。同时本章提出的系统构想,能同步应用于部队实际作战中,为未来的体系化作战实现配套,确保体系作战能实现消息数据联通顺畅,各方协调一致,作战单位协同身份不被伪造,协同体系内信息不被泄露。

本章讨论的区块链技术尚处在单机模拟仿真范围,主要测试区块链技术在 LVC 系统数据安全传输运用中可行性和基本技术性能,区块链技术在军事运用仍有许多潜在空间等待我们去发掘。

第8章 基于虚拟现实技术的对象化建模过程

随着时代的发展,信息化潮流不可逆转,科技越来越发达,现今社会越来越多的工作都被科技所取代。人工智能、物联网、5G等等对人们的生活产生了深远的影响。然而,如今军校的学习以及部队的训练大部分仍然停留在传统教学训练阶段,并没有跟上时代的步伐,许多高科技在训练学习方面仍未普及。笔者希望能通过时下流行的虚拟现实技术,通过研究典型通用发动机的特点和工作原理,针对其周期性工作设计虚拟维护训练系统,借助三维建模软件 SolidWorks 建立通用发动机的三维模型。通过 Unity 3D 引擎工具制作虚拟维护训练程序,最终在 HTC Vive 设备上实现虚拟维护训练,以便维护人员可以通过虚拟现实技术来进行维护训练。通过虚拟维护训练技术:一方面可解决传统维护装备教学中存在受装备、空间、时间方面限制的问题,有效提高训练的效率及质量;另一方面可以降低对实体装备的依赖,降低损耗,降低训练成本,最终通过虚拟现实设备搭载虚拟维护软件实现虚拟维护训练。本章的最终成果能够实现用 HTC Vive 头显加载编写的程序,实现对通用发动机的周期性工作流程的仿真,能够让操作人与在虚拟环境中完成通用发动机的周期性工作维护训练科目。

8.1 虚拟现实在 LVC 模拟训练技术中的需求

随着世界各国实战化训练要求逐步提高,各国部队训练任务加剧,而实战化训练要涉及使用到的装备数量多,种类繁杂。而对于空军这个高科技军种而言,无论是飞机上的部件,如发动机等,还是日常使用的导弹、火箭弹、航炮,装备构造均十分复杂,日常维护要求精度高,对于维护人员对装备的了解要求也很高。在平时训练中,难免会存在对装备不了解,需要培训的情况发生,而对于这些科技技术含量较高的装备,又很难很快上手了解其中内部构造,世界各国的装备院校校培训又需要大量的时间和精力,难以满足实战化要求。针对飞机导弹维护而言,其构造尤其复杂,内部不仅精密元件多,构造紧密,而且还存在威力较大的火工品,如果在对装备了解不够详细的情况下操作,可能引起较大危险,造成人员伤亡,同时导弹也是十分昂贵的装备,如果因日常维护而产生问题,经济损失也不容小觑。

目前,世界各地都在进行信息化改革,信息化进程也在推进,多媒体教学作为时下最流行的教学方法,在目前院校和部队的理论教学中广泛使用,将教学的图片、视频等资源通过投影等方式进行讲授,但是此方法仍然停留于平面和静止教学,传统的多媒体教学仍然受限于展现方式,不能够十分直观地体现实体的特征,使实体看起来十分抽象。在进行理论教学的同时只能凭借受训人员自身的空间想象能力,对装备的构造进行想象,如果遇上复杂的装备,更是很难直接想象出装备的结构,造成对装备的理解不够直观,在接触到实物时仍存在对装备感触不深、陌生的情况。对此,笔者希望通过时下最先进的技术,将学习的对象由二维转换为三维,使平面的物体转为立体的物体呈现在大家面前,必定可以非常直观地了解到装备的构造。

针对目前装备维护现状,要想将平面的、抽象的训练教学转换为立体的、直观的训练教学,就必须借助时下最先进的技术——虚拟现实技术。

虚拟现实技术是利用计算机生成一种模拟现实的环境,并通过专用的虚拟现实设备使用户"进入"该环境当中,通过虚拟现实设备上的传感器将用户的行为投入虚拟现实环境中与模拟对象进行交互的技术。对于虚拟环境的搭建主要由计算机中的相关软件完成,其虚拟对象可以是真实世界,也可以是虚幻的想象的世界。虚拟现实传感设备包括头戴式立体显示设备(Head Mounted Display)、数据手套(Data Glove)、数据衣(Data Suit)等,这些设备可穿在用户身上,感知用户的行为(如走路、拿东西等),且可以使用户感知到反馈(如力、声、光)。从本质上说,虚拟现实是一种先进的计算机模拟技术,将现实存在的或者抽象的环境、对象通过相应技术在计算机上投射,并通过给用户提供相应的视觉、听觉、触觉的反馈来实现用户与虚拟环境实时自然交互,提高整个系统的工作效率。

8.1.1 虚拟现实的类型

虚拟现实指用户通过虚拟现实设备将自身的动作传感到计算机中,通过软件和其他的传感设备反馈给用户的感知,实现用户与虚拟环境之间的交互。实际上虚拟现实技术不仅仅指头盔和手套的反馈技术,更包括一切与之有关的实现模拟现实、以假乱真的技术和方法,目的就是实现实时的人机交互,并通过逼真的人机交互实现一定的目的。根据虚拟现实的实现形式以及沉浸感的不同,可将虚拟现实分为以下四类。

(1)桌面虚拟现实系统(Desktop Virtual Reality System)。桌面虚拟现实指利用计算机进行仿真,由计算机屏幕作为用户观察虚拟环境的窗口,通过外部操作设备对计算机内的虚拟环境进行操控。由于是通过计算机以及计算机屏幕实现的,因此该系统成本较低。但是其功能也较为单一,沉浸感不强,主要用于计算机辅助设计等领域。

其主要特点有:

1)沉浸感不强,即使戴上眼镜也无法完全隔绝与外界的交流,会受到外界的干扰。

2)对硬件配置的要求较低,只需要利用计算机就可以实现,其他辅助设备配置也可不那么高。

3)性价比较高,可以以低成本实现一些高级的操作。

(2)沉浸式虚拟现实系统(Immersive Virtual Reality System)。沉浸式虚拟现实系统是一种高级的、较理想的虚拟维护系统。它通过沉浸式虚拟现实设备,为维护人员提供一种完全沉浸的体验,使操作者有身临其境的感觉。其主要利用头盔式显示器等设备,把维护人员的视觉、听觉和其他感觉都封闭在设计好的虚拟维护空间中,利用声音和位置跟踪器、数据手套和其他输入设备使维护人员产生全身心投入的感觉。

常见的沉浸式虚拟现实系统分为头盔式显示器系统、投影式虚拟现实系统和遥在系统。

基于头盔的显示器系统是通过头盔式显示器来实现沉浸的。它把现实世界与之隔离,使操作者从听觉到视觉都能投入虚拟环境中。

沉浸式虚拟现实系统具有以下 5 个特点:

1)实时性能。为使得用户有更深入的操作感,要求在虚拟现实系统中达到与真实世界相同的感觉,必须要有高度实时性能。如在用户的头部转动而改变视点时,系统应给予响应,及时通过计算机计算并输出相应的虚拟场景,同时要求延迟足够小,变化尽量连续。

2)沉浸感。采用多种不同的输入、输出设备,通过设备的配合使得操作者沉浸在虚拟世界里,与现实隔绝开来,不受真实世界的影响。

3)系统集成性。为了使维护过程真实反映实际流程,系统中的软/硬件要讲究合理的配合,使得之间能够相互作用,且不能相互影响。

4)开放性。在沉浸式虚拟现实系统开发的过程中,不论是软件方面还是硬件方面,都应尽量使用最新的、商业化的货架产品,不仅可靠性高,且维护升级更加方便,容易构建体系,方便学习使用。

5)具有多种输入、输出设备并行工作机制。为了使操作者有着高度的沉浸感,需要多种设备综合应用,因此需要能够支持多种设备并行工作。

(3)增强现实系统(Augmented Virtual Reality System)。虚拟现实技术需要通过建模软件建立三维虚拟环境,操作者需要借助传感器与虚拟环境中的物体进行交互作用,相互影响,极大地拓展了人类认识、模拟和适应世界的能力。然而,虚拟现实技术要求较高的建模方法、表现技术以及高超的人机交互技术,普遍存在建模复杂、环境搭建耗时长、模拟成本高甚至匹配程度达不到要求等问题。为解决以上问题,已有多种方式借助虚拟环境与现实环境相配合实现增强,又可以分为在虚拟环境中叠加真实环境的增强现实以及在真实环境中叠加虚拟环境的增强虚拟现实,可形象地分别简称为"实中有虚"和"虚中有实"。在虚拟现实中应用比较普遍的是"实中有虚",即增强现实。其可以在软件里搭载相应的程序,来针对需要增强的现实对象形成虚拟场景,形成复合的视觉效果,更能够节省搭建虚拟环境的大部分时间精力,将更多的工作放在突出需要的部件上。

(4)分布式虚拟现实系统(Distributed Virtual Reality System)。分布式虚拟现实系统是一种将多个分布在不同空间位置的虚拟环境连接的集成虚拟环境。位于不同空间位置的多个用户可以在这个集成虚拟环境中通过可通信交互的虚拟现实设备进行交互,共享信息,同时对一个虚拟对象进行操作,以达到协同工作的目的。就像网络游戏一样,支持多人实时通过网络交互。

分布式虚拟现实系统的主要特点有:

1)各个用户拥有共享的虚拟工作空间。

2)各个虚拟环境子系统间的实时交互。

3)多个用户可以使用多种方式进行实时通信,对维护进行交流共享。

4)资源信息共享,维护人员可以共同对维护对象进行操作。

8.1.2 虚拟现实的特征

虚拟现实技术是一项计算机、模拟与仿真、传感器等高新技术集成的综合技术,具有以下几个特征。

(1)多感性(Multi-sensory)。所谓的多感就是指对听觉、视觉、动觉、味觉、嗅觉的感知结合。但目前相关技术仍未完善,目前的感知传感器无法做到像人类的感知一样发达,感知的范围和精确程度都无法与人相比拟。

(2)存在感(Presence)。存在感又称临场感,理想的虚拟现实系统应该要能够使用户沉浸在其中,难分与现实的真假,场景随着用户行为而改变。甚至有的虚拟现实系统可以模仿不存在的环境,使得用户能够参与到现实中无法参与的空间中去。

(3)交互性(Interaction)。交互性是指用户能够对虚拟环境内的对象进行操作,并且虚拟环境会对给予的操作给以实时反馈。例如可以通过选取环境内的物体,还可以感知到其重量,并随着手的移动而移动。

(4)物理性(Physical)。物理性是指虚拟环境里的对象受到操作会受到物理特性的作用,对软件的设计存在特殊要求。

8.1.3 虚拟现实技术的主要应用领域

虚拟现实技术应用广、应用方法多样,各个领域都有建树。在不同的领域也有着不同的作用,但无疑都推动了该领域的发展、提高。

(1)航空航天及军事领域的应用。军事是科技的映像,所有先进的科技都在军事上率先绽放异彩。20 世纪美国国防部高级研究计划局(Defense Advanced Research Projects Agency,DARPA)计划研究模拟网络方案(SIMulation NETWorking,SIMNET)系统,该系统可以使不同样式的 200 台飞机和坦克等模拟器共同进入同一个虚拟环境中,构建虚拟战场,在战场中进行虚拟战争。在虚拟环境中,该系统可提高军官对战场的把控能力,协同不同兵种作战的能力。通过对战场的把控协同提高个人的指挥能力,该系统目前已经研制成功。

同样在航空航天领域,美国已经建成了空间站、航空、卫星维护的虚拟现实训练系统,同时在全国建立虚拟现实教育系统。波音公司已经可以通过虚拟现实技术实现对产品的设计、工件加工等,使得这些流程大幅度简化。

(2)医学及设计领域的应用。虚拟现实技术在军事领域的发展也推动了虚拟现实技术在民用领域的发展。利用虚拟现实技术可以进行一些操作的训练,避免了产生巨额费用,如进行新型机床操作的培训,按照事先建立好的模型和操作过程,通过头盔以及数据手套等反馈硬件,来进行训练作业,提高训练的效率,降低训练的成本。

虚拟现实还可用于解剖教学、复杂手术过程的规划和模拟,预测手术结果及远程医疗,通过这样的方式更加方便、快捷地完成手术以及复杂教学。还可以进行各种虚拟设计,用户可以通过虚拟环境的变化直观地看出设计的变化,良好的模拟和交互性使得设计过程更加简单方便,可以直观、实时地看到设计的效果及内容,能够更方便设计人员进行设计和更改。

8.1.4　虚拟现实技术在维护领域的研究现状

作为装备寿命周期中的一项重要活动,维护也是虚拟现实技术的重要应用领域之一。早在 1995 年,洛克希德·马丁战术飞机系统在设计过程中就抛弃了传统的金属模型,改用计算机模拟的计算机辅助设计(Compufer Aided Design,CAD)模型,同时产生了相应的软件和虚拟技术,在对飞机系统的维修性分析中便采用虚拟现实技术,对其完成后的每一项维护流程进行了虚拟化,进行模拟分析。

波音公司利用虚拟实体模型代替维护人员训练使用的物理模型,并进行了可行性研究。在计算机中搭建虚拟模型,并在软件中预先搭载设计好的维护操作程序,对操作者的误操作以及完成维护任务的时间进行统计,将结果与实际操作相比较,实践证明可以利用虚拟对象代替实际对象并模拟操作流程。

美国空军 Armstrong 实验室、休斯公司从 1991 年到 1997 年联合进行了人员训练和人素设计评估(DEPTH)项目研究。项目的研究过程分别涉及人体建模、虚拟手工工具、CAD转换、运动仿真、环境条件对人员操作的影响、维修手册自动生成、保障数据和训练媒体生成、保障性分析记录集成等。此项目得到的训练分析结果可直接用于维护训练。

8.2　系统设计分析

在确定了系统所需工具之后,可对系统的设计进行分析。通用发动机周期性维护工作沉浸式虚拟训练系统设计需要从以下几个方面进行研究。

(1)维修场景的真实性。为了取得良好的使用效果,实现更好地沉浸,发动机以及其部件模型必须保证足够真实。一些部件在使用过程中甚至需要展示一些细节,如颗粒感、材质、动态以及阴影等,都会对系统的使用者的体验产生影响。为了避免这类问题的出现,在构建模型和场景渲染时必须保证数据的真实性和可实现性。

(2)虚拟情景中的场景漫游。场景漫游包括主动漫游和自动漫游两种,本模拟训练系统采用第一人称主动漫游方式,充分发挥训练人员的自主性,即以第一人称视角,对发动机陈列的场景以及发动机本体进行维护。因此,需要对第一人称模型与发动机的运动轨迹做好归划,甚至可以添加合理的碰撞检测以保证漫游更加真实。

(3)发动机的维护检查流程。训练系统对用户的反馈质量高低很大程度上取决于系统对于规程的判定与执行。除此之外,系统根据用户操作发动机的熟练度可以划分为初级与熟练两个阶段,不同阶段对于所需要掌握规程层次也有所不同,如初学者只需要做到发动机部件的识记,熟练之后才可以对发动机进行探伤等进一步检查。因此,前期发动机和规程资料的收集非常关键,应在充分调研及查阅文献基础上,对需要进行装配的部件模型的结构尺寸、装配关系及技术参数等重要资料进行重点收集。

(4)人性化的操作界面。用户操作界面人性化与否,很大程度上体现在是否易于理解、是否美观大方、是否便于操作等特点上。为此在考虑用户图形界面设计时,应当注意界面中模型的大小与一致性编排、模型的位置安排,利用专业设计软件 Adobe Photoshop 或虚拟引擎 Unity3D 的用户界面(User Interface,UI)设计模块以及相关插件,设计出功能齐全、操作简洁且方便的用户交互界面。

8.3 工 具 选 取

完成发动机维修训练系统设计主要用到三个方面的工具分别是三维建模工具、软件开发引擎和交互工具。

8.3.1 三维建模工具

发动机三维仿真模型的建立需要用到三维建模工具。本章是对发动机周期性工作进行维护训练设计,所以对于发动机整体、关键部件的细节展示必不可少,如压气机叶片、高压涡轮等。这些发动机部件结构较为复杂,表面也有大量的管路和不规则的发动机附件机匣,建模难度较大,工程量也较大,因此,建模软件必须提供操作简单、好上手、渲染功能优异和曲面造型出色的建模工具。

下面来简要介绍国内使用率比较高的三款三维建模软件,这些软件广泛应用于模型制作、工业设计、建筑设计、三维动画等领域,每款软件都有自己独特的功能和专用的文件格式。

(1)Autodesk 3D Studio Max。Autodesk 3D Studio Max,常简称为 3d Max 或 3ds MAX,这款软件的出现可以说一下子降低了计算机图形学(Computer Graphics,CG)制作的门槛。该产品具备的主要优势包括以下几点:

1)软件的性价比高,该软件提供的设计开发功能强大,由于开发的周期和发售的数量大,产品价格大幅度降低,能够为大多数制作公司接受。基础软件价格的降低,同样使得衍生作品的制作成本大幅度降低。

2)是该款软件对适配的硬件系统的要求也相对较低,主流的硬件设备均能够支撑软件和衍生产品的运行。

3)该款软件整个生命周期比较长,历经过个版本的演进,在国内外的使用者众多,形成了众多的网络交流群,便于进行技术的交流。

4)该款软件的入门门槛较低,初学者容易上手,软件的操作界面和制作流程简洁、高效,可以使使用者很快上手,只要设计思路足够清晰,通过简单的操作就可以实现想法,有利于初学者学习。

(2)Autodesk Maya。Autodesk Maya 软件主要应用于专业影视广告、角色动画、电影特技等方面是世界顶级三维动画软件。它具有以下的优点:

1)软件功能强大。它除了可以实现通用的三维视觉效果制作功能,还具有高级建模、数字布料模拟、头发渲染和运动匹配等技术。

2)软件算法简练。简练、高效的算法使得 Maya 软件在电视、电影、游戏等领域的开发、设计和创作具有极高的效率。同时,通过新算法改进了多边形建模,提高了性能。

3)软件处理器多。软件的多线支持可以充分发挥该优势,提高处理效率。

4)渲染效果强大。最新的着色工具和硬件着色应用程序编程接口(Application Programming Interface,API)极大地增强了软件的视觉效果渲染功能,使得产品在运用 VR 技术来实现维修系统时可以产生更好的沉浸感。

(3)SolidWorks。SolidWorks 软件是世界上第一个基于 Windows 的三维 CAD 系统。其技术创新顺应了 CAD 技术的发展趋势。SolidWorks 组件多,功能强大,易学易用,技术创新,SolidWorks 可以提供不同的设计理念,减少设计错误,提高产品质量。SolidWorks 不仅提供了如此强大的功能,而且对于任何工程师和设计师来说都很容易使用,对于熟悉微软 Windows 系统的用户,基本上可以使用 SolidWorks 进行设计。SolidWorks 资源管理器与 Windows 资源管理器是同一个 CAD 文件管理器。利用 SolidWorks,用户可以在较短的时间内完成更多的工作,更快地销售高质量的产品,SolidWorks 是目前市场上最舒适的三维 CAD 解决方案之一,具有强大的设计功能和易于使用的操作(包括窗口式拖放、点击、剪切、粘贴),通过 SolidWorks,可以 100%编辑整个产品设计,实现零部件设计、装配设计和工程图的连接。

本章将选用 SolidWorks 作为建模工具完成虚拟场景模型的建立,主要原因是因为 HTC Vive 的 VR 发布平台支持 CAD 文件的输入,由于 SolidWorks 软件的功能完善,工作灵活,易学易用,制作效率极高,产品兼容性好,对于学生而言较为熟悉,可以满足本课题的需求。

8.3.2 软件开发引擎

目前,国内市场的主流的软件开发引擎有 Unreal Engine 4 引擎(UE4)、Unity3D、CryENGINE 等。

Unreal Engine 4 引擎是目前世界最知名授权最广的顶尖游戏引擎,UE4 由于渲染效果强大以及采用 pbr 物理材质系统,所以它的实时渲染的效果非常棒,这是它成为开发者最喜爱的引擎之一的原因。它是一个以"所见即所得"为设计理念的操作工具,它可以很好地弥补一些在 3D StudioMax 和 Maya 中无法实现的不足,并很好地运用到游戏开发里去,赋予开发商更强的能力。

Unity3D 是由 Unity Technologies 开发的一个让玩家轻松创建诸如三维视频游戏、建筑可视化、实时三维动画等类型互动内容的多平台的综合型游戏开发工具,是一个全面整合的专业游戏引擎。Unity3D 对于游戏开发者们来说是一个真正可以负担得起的引擎,具有其他引擎难以匹敌的用户量。其优点有:业内最具竞争力的授权条款;易于使用而且兼容所有游戏平台;开发者社区支持强大;学习门槛非常低;开发商使用率最高。此外,在为 HTC 和索尼虚拟现实头盔和微软增强现实头盔 HTC Vive 开发游戏的开发者中,Unity 的技术也非常受欢迎。其缺点有:工具数量有限,所以开发商必须给自己创作工具;做复杂和多样化的效果比较耗时。

对以上引擎进行了初步了解以后,最终选择了 Unity3D 作为开发引擎。因为该引擎这几年发展非常迅速,学起来上手较快,界面也比较容易,资源和各种插件完善,而且拥有顶级的图形处理能力。

8.3.3　交互工具

本章选取的 HTC Vive 是由 HTC 与 Valve 联合开发的一款 VR 头显(虚拟现实头戴式显示器)产品,于 2015 年 3 月在 MWC2015 上发布。由于有 Valve 的 Steam VR 提供的技术支持,因此在 Steam 平台上已经可以体验利用 Vive 功能的虚拟现实游戏。2016 年 6 月,HTC 推出了面向企业用户的 Vive 虚拟现实头盔套装——Vive BE(即商业版),其中包括专门的客户支持服务,如图 8.1 所示。

图 8.1　HTC Vive

HTC Vive 主要由是一个头戴式显示器、两个单手持控制器、一个能于空间内同时追踪显示器与控制器的定位系统组成的,通过这三个部分可以给使用者提供不错的沉浸式体验。设备可以实现 100°～110° 的视野转动,而为了使得仿真足够逼真,其速率至少应为60 fps。HTC Vive 开发者版采用了一块 OLED 屏幕,单眼有效分辨率为 1 080×1 200,双眼合并分辨率为 2 160×1 200,刷新率是 90 Hz,视场角可以达到110°,这种 2k 分辨率很好地降低了画面颗粒感,使得画面更加清晰、细腻。控制定位系统是不需要借助于摄像头的,主要靠激光和光敏传感器来确定动物体的位置,可以让用户在一定的范围之内走动。

HTC ViveVR 设备从最初给游戏带来沉浸式体验,设备中画面、形象、声音和控器手柄传来的振动的组合,让人感觉到这是"真实"的,延伸到可以在更多领域施展想象力和应用开发潜力。一个最现实的例子是,可以通过虚拟现实搭建场景,实现在医疗和教学领域的应用。

8.4　Unity3D 引擎

Unity3D 软件是一个专门用来开发三维视景、可视化建筑、实时三维动画等内容的综合型专业软件,可以发布开发产品到 Windows、Mac、Android 等多个平台,还可以通过 Unity Web Player 插件或者 Web GL 技术发布成网页。Unity3D 软件有很好的兼容性和系统交互性,支持 C♯、Java Script 语言,可以缩短开发周期。本节将 Unity3D 软件选取为虚拟现实的引擎工具,版本是 2018。下面就 Unity3D 引擎所涉及的一些重点、关键技术概念及其应用做一个简单的介绍。

8.4.1　场景对象及加载

虚拟对象是网络虚拟化的重要组成部分,是网络 Unity3D 中真实的网络场景。它是指在实际场景中被激活的任何虚拟对象,组件场景中的变量可以直接划分为若干类,形成许多场景元素,每个生成的组件场景可以包含许多场景变量,开发者控制场景图像对象的行为,通过控制这些变量,在一个场景加载多个对象,然后在另一个场景中添加必要的组件,可以开发出所需的场景。

加载场景编码如下:

```
StartCoroutine(LoadYourAsyncScene());
    IEnumerator LoadYourAsyncScene()
    {
        // The Application loads the Scene in the background at the same time as the current Scene.
        //This is particularly good for creating loading screens. You could also load the Scene by build //number.
        AsyncOperation asyncLoad = SceneManager. LoadSceneAsync(scene_name);
        //Wait until the last operation fully loads to return anything
        while (! asyncLoad. isDone)
        {
            yield return null;
        }
    }
```

8.4.2　物理引擎

物理导航引擎(Physical Navigation Engine)是一种赋予刚性物体真实物理化学特征及其属性的技术手段,用于模拟虚拟现实世界中这些物体之间的碰撞、坠落等反应。利用该引擎,可以根据对象的特征定义属性参数,最大限度地还原实际场景,在物理引擎系统中,可以使虚拟世界的对象运动符合现实世界的物理规律。当一个物体被赋予刚体的属性时,它就具有了现实世界中刚体的物理属性,它可以通过对它施加力来移动,刚体可以与其他物体发生碰撞,碰撞效应可以作为许多事件的触发效应。

8.4.3　脚本(Script)

程序可以看作是 Unity 中的一个特殊组成部分。它可以加载到场景的对象上执行各种交互操作和其他功能。整个系统的功能是通过编写脚本来实现的,脚本的工作是通过访问对象和组件分别获得对对象和组件的控制,然后在代码程序中对对象和组件进行逻辑控制,脚本只有在连接到当前场景中的对象时才会激活。此外,连接到对象的脚本可以从其他对象调用脚本中的静态函数。通过将脚本附加到对象,它将成为对象组件,因此,脚本中声明的行为可以应用于对象,其他对象也可以通过名称或标记引用脚本中的函数,从而实现组件之间的联合。

8.5　系统总体设计

本节以航空发动机为例,说明虚拟现实技术在 LVC 模拟训练中的应用,主要针对通用发动机的周期性工作进行维护训练系统的设计,主要阐述系统的功能需求分析、系统设计分析、设计流程以及所需要的工具、软件等。

8.5.1　系统功能需求分析

基于虚拟现实技术构建通用发动机周期性维护工作的虚拟场景,代替传统的外场教学,系统需要实现的功能主要包括:

(1)维护场景构建。首先,进行维护训练系统设计前提要求是有所维护装备以及零部件的模型,模型越逼真还原度越高。其次,虚拟环境要有现场感,通用发动机放置在维修仓库中进行静态展示,对仓库内发动机的周围的布景进行尽可能的还原可以使得维修操作更加具有现场感,比如仓库内设置自然光、载物台、电箱、工具盒等。

(2)维护工作虚拟仿真。按照发动机周期性维护工作规程对用户进行步骤引导,每一步对应操作既有文字说明又有光域指示,操作感更强。

(3)信息交互。用户发出的指令在对应虚拟维护场景中的物体都要有所反馈,如点击选择操作涉及手柄激光交互,视线信号涉及视线交互,步骤触发涉及位置信号,等等。

该系统的主要功能需求如图 8.2 所示。

图 8.2　系统主要功能需求

8.5.2　三维模型建立

通用发动机周期性维护工作维护训练技术主要用于机务人员的操作技能培训,使之对发动机的构造、周期性工作以及维护流程具备初步的直观认识,并熟悉发动机检查口的拆卸方法等,因此,需要根据发动机的维护规程和零部件信息,建立发动机的静态模型、检查零部件结构、装卸口盖形状以及装配关系。

在研究过程中考虑到时间和成本,在不影响发动机整体效果和其与安装关系的前提下,可以对一些复杂结构进行简化处理,如本系统对拆卸口盖结构、螺栓螺纹等进行了简化,而重在强调拆卸的方法和步骤规范。

8.5.3　维护场景构建

维护场景的构建是真正开始维护系统设计开发的第一步。由于场景中包含的光照、天气、室内摆设、发动机陈列方向等客观因素很多,所以需要根据需求尽可能地模拟一切环境因素,以达到身临其境的目的。维护训练系统可以结合不同的科目需要设置不同的维护场景,如在阴雨天气进行战场抢修、在艳阳高照下进行周期性维护等,来考验用户的耐受能力和环境适应能力;也可以模拟不同的地形地貌、国家来提前准备外训联演任务的预培训适应;甚至可以模拟太空、海上作业,在不可控因素更多的环境下进行维护工作。

(1)自然因素。光、风、地形、环境场景等因素在 Unity3D 软件中都是可调的,可以结合实际需要在场景中构建森林、地形、植被等场景信息。

(2)人为布景。人为布景是指在场景中布置的物体,如电箱、发电机、工具盘等,网上有很多相关资源,调用起来也很方便。

8.5.4　维护工作虚拟仿真

根据维护规程对发动机的维护工作进行仿真。进入系统后会有文本框导引和光域导引,按照用户个人需求可以在场景中漫游,每进行一步都会有触发信号,在开始维护前系统的进入界面会有"开始"的按钮,点击后会弹出第一步"检查发动机外部状况及固定可靠性(保险、口盖等)",在距离发动机 1.2 m 内位移绕发动机一周并且视线在头部和尾部都看一下后才会显示按钮"检查完毕",点击后进入下一步"检查发动机蒙皮、尾喷管整流罩上有无过热现象和热变色烧坏痕迹",同样需要视线和位移信号来触发,若不能触发则会停留在这一步,最后一步是检查完成后显示"维护完成",根据需要再自行观察或者退出系统。

8.5.5　信息交互

为了实现教学训练的目的,该系统要求练习者在训练的时候,界面同步显示操作卡片上的操作流程,便于使用者更好地快速掌握通用发动机周期性工作维护的方法以及注意事项。该功能通过 Unity3D 的 UI 组件来实现。

8.6　发动机的特点

以典型通用发动机为例,典型的小涵道比如力式双转子军用涡轮风扇发动机。经典的通用发动机由双转子轴流式压气机、短环管燃烧室、双转子涡轮、加力燃烧室与可调尾喷管、外涵道六大部件组成。这类发动机具备如下优点:

（1）推力大。其涡轮冷却实现高效和热力学特性良好;压气机增压快速,压气机总增压推重比大,最大转速高,发动机结构紧凑,保证飞机有较高的推力和良好的机动性。

（2）稳定性好。在各种飞行高度和速度下,发动机工作仍然极其稳定。著名的高难度"眼镜蛇"机动飞行动作便需要这种稳定性作为保障。喘振消除系统、主燃烧室和加力燃烧室的再次启动、空中自动点火等系统可保证在动力装置的工作可靠性。

（3）维修简便。该发动机采用单元体结构,由 14 个单元体组成,因此,如果出现某些损坏,不需要全部更换,只替换下有故障的单元体即可。这样,在使用条件下进行发动机维修时,可更换其中的 6 个单元体。

（4）使用寿命长。发动机的使用寿命都有一个限度,在该限度内通过现代化水平的诊断设备可保证飞行安全。一般认为,该发动机第一次维修前的使用寿命可达 1 000 h,总使用寿命应该不少于 10 年。

8.7　发动机的工作原理

发动机起动时,空气由发动机进气机匣进入,由发电机带动的低压和高压压气机动叶压缩,使空气压力和密度都增大,再经静叶整流后进入燃烧室与输油管喷出的油混合点燃,膨胀的热空气带动涡轮高速旋转从而带动压气机转子旋转,当高压转子速度 n_2 达到一定的转速时,可以脱机工作(所谓的脱机工作就是发动机可以脱离发电机,完全依靠燃油燃烧产生的机械能工作)。此时的燃油燃烧并不充分,未完全燃烧的油气混合物在加力燃烧室与压气机第二级分流进入外涵道的空气混合重新燃烧,使空气的推力再次升高,最后由尾喷管整流后喷出,进而产生推力。发动机的作用原理示意图如图 8.3 所示。

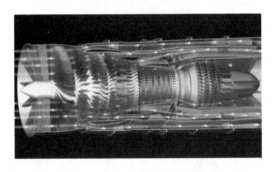

图 8.3　通用 1/2 剖面工作原理图

8.8　模型建立的原则

在该系统中,本章根据发动机维护规程上规定的发动机检修流程,来确定建模的粗细程度以及拆分部分。由于外场对于发动机的周期性维修工作很少涉及拆装,更多地侧重于流程性的检查,所以在该系统中不用对发动机内部零件拆装进行详细演示,只需要对检修流程进行识别记忆以及对关键部件进行探伤。另外,发动机的组成结构复杂、建模操作难度大、零件精度高,检修也不可能进行大面积的拆解,只能通过一些观察孔和一些无损探伤手段进行检查,所以也可进行简化,只需要将其外观大致建模出来即可。因此,该系统建模的重点便是发动机的整体外观、低压压气机第一级、高压压气机第六级和第九级、高压涡轮叶片、尾喷管以及一些观察孔与口盖,这些地方是真正需要操作的位置,连接关系和结构的尺寸比例都得精细建模出来。如下是发动机周期性工作的维护规程,发动机每周期性需完成的典型检修流程内容:通过发动机舱口检查发动机外部状况及固定的可靠性;检查各口盖密封情况;检查发动机舱蒙皮、尾部整流罩和发动机舱壁板上无过热现象、热变色颜色、翘曲和烧坏痕迹;孔探检查发动机;检查高压涡轮叶片;检查低压压气机工作叶片。根据其拆装规程人们便能找出其与检修流程有关的关键部件,从而确定需要精细建模的部位。

8.9　建 模 过 程

建模过程主要包含三部分,一是发动机的建模,二是与检修流程有关的关键部件的建模,三是对模型的贴图处理。其流程图如图 8.4 所示。

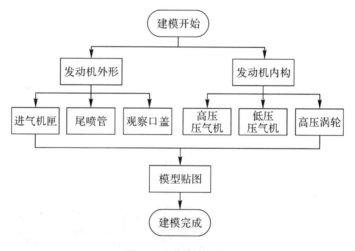

图 8.4　建模流程图

8.9.1　发动机模型

发动机整体外形可以看作是一个个圆台、椎体的叠加,所以在模型建立之初,应对模型装配和构建的基本操作进行了了解与试验。由于发动机表面积大、管路排布复杂、结构分布不均匀等原因,在建模过程中对于不重要的细节并未体现,首先草图绘制建立发动机外壳模型,发动机整体形状是圆柱体多边形,新建"拉伸凸台/基体"建立圆柱体模型,设置端面分段数为"3",再以相同方式建立一个直径略小的圆柱体,利用布尔指令的"差集"形成圆环状物体,如图 8.5~图 8.7 所示。

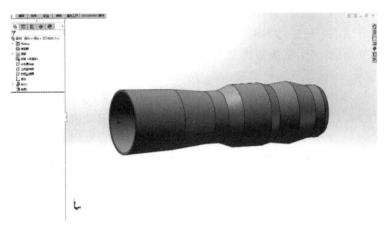

图 8.5 通用发动机主体构型

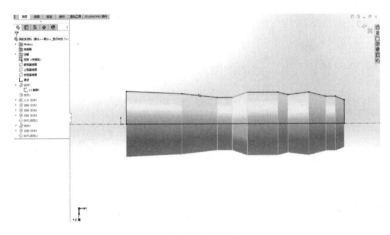

图 8.6 通用发动机主体构型横截面

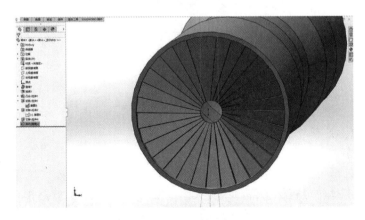

图 8.7 通用发动机进气机匣

8.9.2　低压压气机转子模型

打开 SolidWorks,新建零件,在上视基准面进行草图绘制,绘制一个直径为 40 mm 的圆,然后【拉伸】给定深度 40 mm,上下边线【倒角】长度 3 mm,在右视基准面进行草图绘制,绘制中心线和一条斜线,两条线的中点重合,新建基准面,右视基准面位参考,距离 80 mm,点击【曲面】/【放样曲面】,选择两条草图实线,在上视基准面进行草图绘制样条曲线,点击【曲面】/【剪裁曲面】,然后选择上一步的草图进行剪裁,留中间扇叶,【加厚】上一步的曲面,菜单/【插入】/【特征】/【组合】组合所有实体,得到低压压气机转子,如图 8.8 和 8.9 所示。

图 8.8　通用发动机低压压气机转子 1

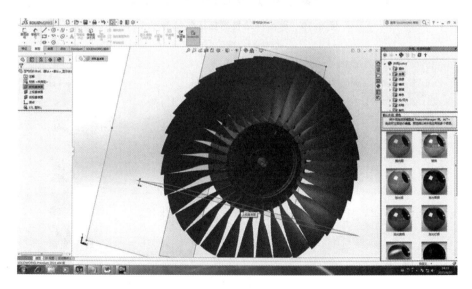

图 8.9　通用发动机低压压气机转子 2

8.9.3 高压压气机静子模型

打开 SolidWorks 软件,新建零件,在前基准面,首先通过草图绘制一个大小合适的圆形,通过【拉伸凸台】/【基体】命令建立一个圆柱体,使用建立转子叶片相同的方法,即用直线以及三维曲线等操作建立高压压气机静子叶片,最后建立新的圆柱体,其直径略大于叶片高度与高压压气机轴的和。再依据叶片高度和高压压气机轴的直径建立一个直径相同的圆柱体,通过布尔运算在之间建立的圆柱体中删去部分,使得高压压气机静子叶片和高压压气机轴组成的物体恰好放入新建的圆环中,经过调整使机匣与高压压气机静子叶片完全配合,形成最终的高压压气机静子模型。最后通过渲染上色,得到高压压气机静子模型,如图 8.10 和图 8.11 所示。需要注意的是,这里建立的是高压压气机Ⅸ级篦齿盘,有很多的螺孔用来固定在燃烧室机匣上,这涉及后续的装配实现,因此,必须要留好装配误差。

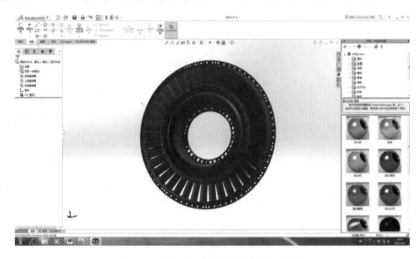

图 8.10　通用发动机高压压气机静子 1

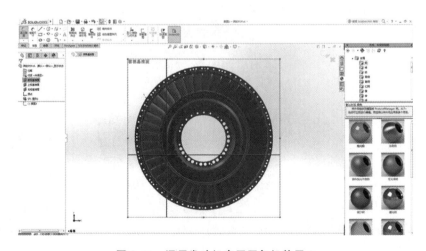

图 8.11　通用发动机高压压气机静子 2

8.9.4 高/低压涡轮模型

高/低压涡轮的静子、转子的构建方法与压气机静子转子相差不大,因此可以参考之前的建模形式,调整相应的尺寸参数即可搭建出高/低压涡轮的静子与转子模型,如图 8.12 和图 8.13 所示。

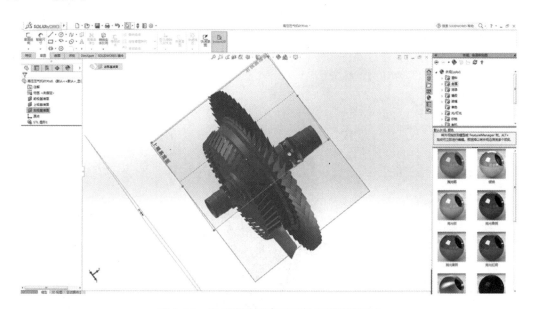

图 8.12 通用发动机高压与低压涡轮转子 1

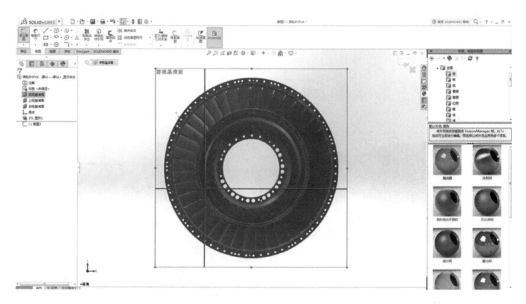

图 8.13 通用发动机高压与低压涡轮转子 2

8.9.5　模型装配

点击【新建】/【装配体】,点击确定按钮,开始装配,此窗口可关掉,或直接打开第一个零件,或者关掉界面进行下一步,点击插入零件,打开第一个零件,可以将此零件设为固定,其他零件在此基础上装配。同样方法打开第二个零件,开始进行配合约束,点击配合按钮,弹出配合对话框,选择两个配合面,系统一般会自动判断它们的配合关系,点击确定按钮,图中两孔为同心,再选择另一个孔也是同心,选择两面为接触,两个零件装配完成。以同样的方法完成其他零件的装配,通过零件与零件之间的关系选择合适的配合方式,最终形成发动机整体模型,如图 8.14~图 8.16 所示。

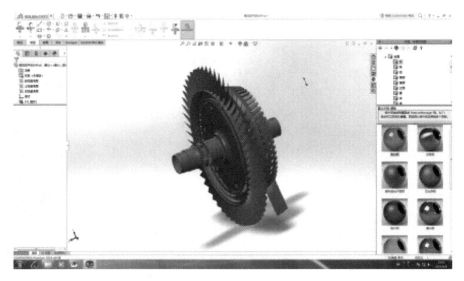

图 8.14　高压与低压涡轮转子

图 8.15　通用发动机 1

图 8.16　通用发动机 2

8.9.6　观察口盖模型

这里涉及一个装配体的建立,口盖装配体由 1 个法兰盘(见图 8.17)、1 个等截面盖(见图 8.18)、6 个 M8 螺栓(见图 8.19)组成,通过装配零件的建模、创建装配体文件、插入零部件、定位零部件、添加配合关系等操作最终形成 1 个装配体模型(见图 8.20)。

图 8.17　法兰盘

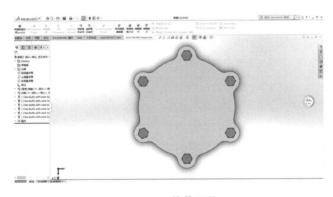

图 8.18　等截面盖

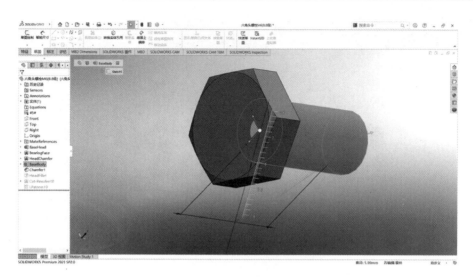

图 8.19　M8 螺栓

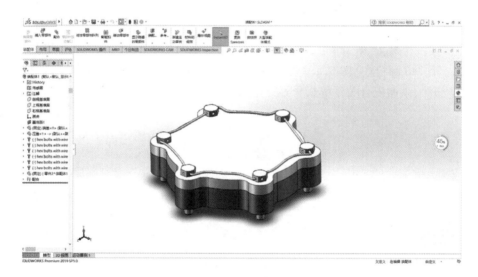

图 8.20　装配体模型

现已建出通用发动机维护规程所要求的整体外形和精细部件模型,基本满足开发需求。

第9章　发动机维修训练虚拟仿真实现

本章以发动机维修训练虚拟仿真实现为例,将模拟训练技术在 LVC 系统中的运用进行探讨,主要介绍系统设计思路以及实现方法,引入发动机维修训练虚拟仿真的实现技术,重点介绍虚拟场景、创建、交互、系统设计的实现流程以及虚拟仿真系统发布。

9.1　系统设计思路及实现方法简介

9.1.1　系统设计思路

总体思路是构建一个 VR 场景,在该场景中通用发动机在自然光照下的库房环境进行静态展示,登录界面时视野中会浮现一个写着维修流程的文字框,文字框可以随时拖动、缩放、隐藏,当点击流程中的关键部件时,发动机表面会有光点提示。用户可以佩戴 VR 设备围绕观察各个部件,当目光在关键部件上凝视的时候,会弹出这个部件的立体模型,旁边会有维修流程的文字解说和视频演示,并且用户可以旋转模型。当流程结束向右快速拖动部件时,模型和对话框急退消失,此时在一开始的对话框里对应的步骤后,会打一个勾显示完成。在所有流程结束后,会自动退回登录界面。

9.1.2　系统的实现方法简介

在引擎中,为增强系统的真实性,将碰撞对象添加到场景对象中,以允许它们彼此交互。通过在场景对象中添加独立的脚本来控制场景对象,包括系统界面的设计、模型导入、碰撞体的选择和悬挂、脚本编辑等,这些问题的解决办法将在以下几章中讨论。

9.2　虚拟场景的创建

9.2.1　用户界面及场景模型制作

用户界面是影响系统操作感的重要部分,将界面直接建立在 VR 场景中就很有身临其境的味道，像是一款现实模式的游戏，结合网上 Unity3D 商城内的资源导入一个厂房的场景，增加了用户的沉浸感，修理厂即战场，一旦进入厂房就时刻面临着考验。用户界面如图 9.1 所示。

图 9.1 用户界面

借助 Unity3D 软件中创建按钮的功能"button"，调整按钮尺寸与文字大小和颜色等，如图 9.2 所示。

图 9.2 创建按钮

在界面上的按钮上创建响应事件。对应脚本代码如下：

```
using UnityEngine；
using System. Collections；

public class NewBehaviourScript ：MonoBehaviour {

// Use this for initialization
void Start () {

    }

// Update is called once per frame
void Update () {

    }

void OnGUI()
    {
//开始按钮
if(GUI. Button(new Rect(0,10,100,30),"qingjoin "))
        {
//System. Console. WriteLine("hello world")；
            print("hello qingjoin !")；
// Debug. Log("up. up")；
        }


    }
}
```

训练系统中的三维模型均通过 SolidWorks 软件构建,中间通过 3d Max 软件或者用 SolidWorks 插件,最后输出为 FBX. 格式文件,方便导入 Unity3D 中。

9.2.2　资源导入

在 3D marks 中转换完格式的 FBX 文件便能够直接被导入到 Unity3D 中,具体操作步骤如下：

打开 Unity center 程序并直接单击 workitems 栏以创建新项目。然后,通过创建 3D 场景模型等,将初始阶段准备的所有 3D 引擎模型和其他相应的主要部件导入到活动文件夹中,Unity3D 系统将自动与这些模型数据的资源格式兼容,通过导入 3D 图像模板,可以在软件控制面板平台指定内存和动画类型,有效地减少一些内存特性,提高软件的效率,如图 9.3 所示。

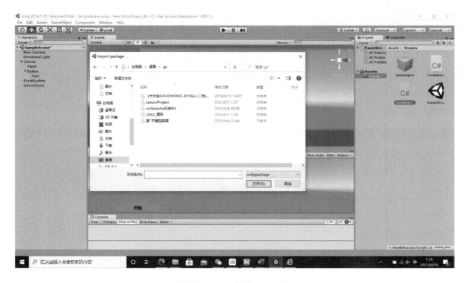

图 9.3　场景资源导入

需要注意的是,用户界面在导入后无法添加到场景中。需要在进入 Inspector 界面后才能打开界面图像,该界面用于显示当前选定的场景对象的所有附加属性,用于显示当前选定场景对象的所有附加属性。打开"文本类型"(Texture Type)选项,然后选择"Sprite(2D 和 UI)"选项,可以使用用户界面图像,如图 9.4 所示。

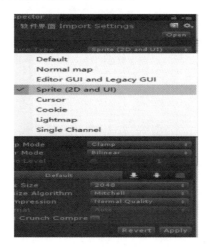

图 9.4　设置导入的图片

9.2.3　脚本控制

脚本是 Unity 中的一种特殊的组件,即为一种控制场景的手段。在该系统中主要使用了以下 4 类脚本类型。

(1)第一人称控制移动脚本。在 Unity3D 中,要实现第一人称控制移动,可以通过脚本让鼠标控制人物或者摄像机的旋转来实现。打开 Unity3D,创建一个立方体作为要控制的人物。给立方体添加 rigidbody 赋予物体刚性,如图 9.5 所示。把"Freeze Rotation"的 xyz 都勾选,冻结旋转。创建一个"First"脚本。打开 First 脚本,创建三个变量,在 Start 中初始化相机的位置。

```
camTrans = Camera. main. transform;
Vector3 startPos = transform. position;
startPos. y += camHeight;
camTrans. position = startPos;
camTrans. rotation = transform. rotation;
camAng = camTrans. eulerAngles;
```

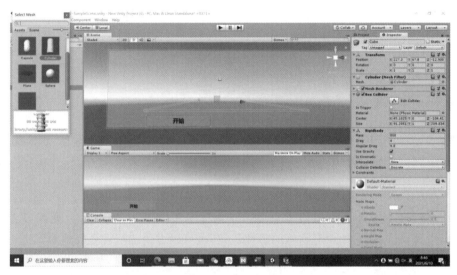

图 9.5　赋予物体刚性

新建一个 Rot_move 方法,就是在里面设置相机跟随鼠标旋转、物体与相机同步旋转、更新相机位置。

```
float z = Input. GetAxis("Mouse X");
float x = Input. GetAxis("Mouse Z");
camAng. x -= x;
camAng. z += z;
camTrans. eulerAngles = camAng;
camTrans. position = new Vector3(this. transform. position. x,camTrans. position. y,this. transform.
position. z);
float camy=camAng. y;
this. transform. eulerAngles = new Vector3 ( this. transform. eulerAngles. x, camy, this. transform.
eulerAngles. z);
Vector3 startPos = transform. position;
startPos. y += camHeight;
camTrans. position = startPos;
```

本系统使用跟随手势改变物体位移的方法。对应的脚本代码如下：

```
using System. Collections；
using System. Collections. Generic；
using UnityEngine；
public class Drag ：MonoBehaviour
{
//偏移值
    Vector3 m_Offset；
//当前物体对应的屏幕坐标
    Vector3 m_TargetScreenVec；
private IEnumerator OnMouseDown()
    {
//当前物体对应的屏幕坐标
        m_TargetScreenVec = Camera. main. WorldToScreenPoint(transform. position)；
//当鼠标左键点击时触发
while (Input. GetMouseButton(0))
        {
//当前坐标大小等于转换成鼠标作为世界位置(x轴的值是物体在屏幕位置的 x 值)＋ 偏移测量量
yield return new WaitForFixedUpdate()；
        }
    }
```

（2）跟随手势旋转脚本。该脚本主要用于物体场景的 360°的展示，方便练习者多角度观察所操作的物体，从而加深对物体的感性认识，也可以方便练习者更好地对其进行拆装练习。通过获得 x 和 y 轴的偏移量，将偏移量转化为物体的旋转量，便可实现物体跟随手势的旋转。通过勾股定理可实现 z 轴的旋转，故不需要对其进行专门的控制，只需控制两根轴便可。实现该功能的脚本代码如下：

```
using UnityEngine；
using System. Collections；

public class XZ ：MonoBehaviour
{

public Transform obj；
//设置物体跟随手势的旋转速度
public float speed = 2；

private bool _mouseDown = false；

void Update()
    {//判断是否确定
if (Input. GetMouseButtonDown(0))
```

```
                _mouseDown ＝true；
    else if（Input. GetMouseButtonUp(0))
                _mouseDown ＝false；
    if（_mouseDown)
            {
    float fMouseX ＝ Input. GetAxis("Mouse X")；//得到 x 轴的偏移量
    float fMouseY ＝ Input. GetAxis("Mouse Y")；//得到 y 轴的偏移量
                obj. Rotate(Vector3. up，－fMouseX ＊ speed，Space. World)；//在 x 轴对其进行旋转
                obj. Rotate(Vector3. right，fMouseY ＊ speed，Space. World)；//在 y 轴对其进行旋转
            }
        }
    }
```

（3）物体缩放脚本。主要功能是通过对所观察和操作的物体进行放大和缩小,等比缩放,缩放系数设置为 1,具体脚本代码如下:

```
using System. Collections；
using System. Collections. Generic；
usingUnityEngine；
public class MyScript ：MonoBehaviour {
public GameObject myCube；
public float scale ＝ 1；//缩放系数
void OnGUI()
    {
if（GUILayout. Button("放大物体"))
        {
            myCube. transform. localScale ＝new Vector3(scale＋＝1，scale，scale)；
        }
    if（GUILayout. Button("缩小物体"))
        {
            myCube. transform. localScale ＝new Vector3(scale－＝1，scale，scale)；
        }
    }
}
```

（4）控制动画脚本。事先对物体进行了一系列的动画制作,通过脚本对制作的动画进行控制,设置触发动画的时机和条件,具体代码如下:

```
using System. Collections；
usingSystem. Collections. Generic；
using UnityEngine；

public class AnimationTest ：MonoBehaviour {
public Animation anim；
private float timeRecd；
```

```
void Update () {
if(Input. GetKeyDown(KeyCode. R)) { anim. Play("Run"); }
if (Input. GetKeyDown (KeyCode. S)) {
    timeRecd = anim  ["Run"]. time;
        anim. Stop();
    }
if (Input. GetKeyDown (KeyCode. C)) {
        anim["Run"]. time = timeRecd;
        anim. Play("Run");        }
    }
}
```

通过将不同的脚本挂载到不同模型上,就能对需要拆装的部件,使其达到可进行拆装训练的要求。

9.2.4　GUI 面板设置

图形用户界面(Graphical User Interface,GUI)是指个人和计算机之间的一种图像交互形式。用户可以在计算机中通过鼠标等输入设备直接操纵光标,然后在计算机界面上点击图像,达到调用文件和打开应用程序的目的。其优点是操作直观、方便,不需要使用复杂的代码。GUI 面板的设置可以扩展系统的输入,优化软件的使用体验。系统主要采用显示界面和按钮界面。

(1)Render Mode 显示模式。在 Render Mode-overlay 模式下,UI 始终会出现在 3D 物体的最前方,在本系统中登陆界面中背景板以及进入后浮现的维护流程文本框都是这种模式,因为这些界面在进行维修操作检查的时候都要保证在场景的最前端,如图 9.6 所示。

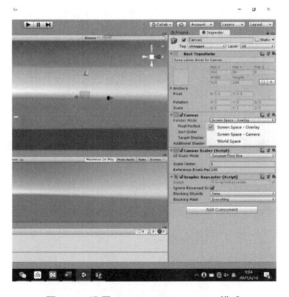

图 9.6　设置 Render Mode-overlay 模式

（2）按钮 GUI。按钮 GUI 的主要功能是通过按钮来触发某些特定的效果。例如，点击查看相关部件，其按钮效果如图 9.7 所示。

图.7　按钮效果

9.2.5　通用发动机模拟维护系统关键代码

（1）动画控制功能脚本。在院校原理教学和装备操作教学模式中，需要充分考虑教学环境和条件，通用发动机模拟维护系统需要演示发动机基本操作环境，受训人需要按照虚拟现实提示进行操作，设计发动机模型上的各个组件的安装、移动、操作等，这就涉及动画控制，其主要代码如下：

```
namespaceHoloToolkit. Unity. InputModule. Tests
{
publicclassDDTapResponder：MonoBehaviour，IInputClickHandler
    {
publicGameObject[] wt；//储存翼面和螺丝物体
public Vector3[] wtyd；//储存需要移动物体的移动位置
publicGameObjectDli；//拿到定力扳手
……
voidStart()
        {
DliPosition = Dli. transform. localPosition；
        }
// Update is called once per frame
voidUpdate()
        {
if (DtMove)//弹体移动
            {
//显示提示
wt[0]. transform. localPosition = Vector3. MoveTowards(wt[0]. transform. localPosition，wtyd[0]，
speed * Time. deltaTime)；//弹体移动
    if (wt[0]. transform. localPosition == wtyd[0])//弹体到位
            {
wt[1]. transform. localPosition = Vector3. MoveTowards(wt[1]. transform. localPosition，wtyd[1]，
```

```
speed * Time.deltaTime);//弹体螺丝 1 移动
        ……//检测四个螺丝到位情况
                        }
    if (wt[4].transform.localPosition == wtyd[4])//螺丝到位
                        {
    while (！DliDAODA)
                            {
    Dli.transform.localPosition = Vector3.MoveTowards (Dli.transform.localPosition, dtlsPosition,
speed * Time.deltaTime);//定力扳手对螺丝定力
    if (Dli.transform.localPosition == dtlsPosition)
                                {
    DliDAODA =true;
                                }
                            }
                        }
    if (DliDAODA)//定力完成后 DliDAODA 便 true
                        {
    Dli.transform.localPosition = Vector3.MoveTowards (Dli.transform.localPosition, DliPosition,
speed * Time.deltaTime);//定力扳手返回
    //提示消失,新的提示出现
                        }
                    }
                }
    publicvoidOnInputClicked(InputClickedEventDataeventData)
            {
    DtMove =true;//激活程序

    eventData.Use();
            }
        }
    }
```

以上脚本实现的是在教学模式内前后舱段的运动以及弹体螺丝紧固的运动,其使用方法为:在 Unity3D 的资源界面中创建一个新的 C♯ Scripts,将此脚本输到该文件中,通过拖动此 C♯ Scripts 与需要此脚本的某型导弹上的部件结合,被脚本赋值了的部件就能够在游戏窗口中实现动画的功能。若发动机模型上的其他部件要使用,只需更改脚本中的位置信息、作用对象即可。

(2)移动对象脚本。在实操模式中,如果想让视点选中的组件能够移动,比如让选中螺丝刀,让它随着操作人员的手而动作,那么涉及移动对象代码,代码主体如下:

```
usingUnityEngine;
usingSystem.Collections;
public class XZ：MonoBehaviour
{
```

```
public Transform obj；//设置物体跟随手势的旋转速度
public float speed = 2；
privatebool _mouseDown = false；
void Update（）
    ｛
if（Input. GetMouseButtonDown（0））//判断是否确定
        _mouseDown = true；
else if （Input. GetMouseButtonUp（0））
            _mouseDown =false；
if （_mouseDown）
        ｛
floatfMouseX = Input. GetAxis（"Mouse X"）；//得到 x 轴的偏移量
floatfMouseY = Input. GetAxis（"Mouse Y"）；//得到 y 轴的偏移量
obj. Rotate（Vector3. up，－fMouseX ∗ speed，Space. World）；//在 x 轴对其进行旋转
obj. Rotate（Vector3. right，fMouseY ∗ speed，Space. World）；//在 y 轴对其进行旋转
        ｝
    ｝
｝
```

　　此代码的使用方式同动画一样，需要新建 C♯ Scrip，将脚本输入后赋予发动机部件，进行属性设置后即可在设定窗口内实现对导弹部件的移动操作。

　　(3)UI 控制脚本。UI 控制主要有两部分组成：一是软件开始界面两种训练模式的选择；二是导弹教学模式中提示语的出现与消失。

　　1)训练模式的选择。选择训练模式并进入训练场景的代码在使用前需要创建 3 个场景：①开始界面场景，定义为场景 0；②教学模式场景，定义为场景 1；③实操模式场景，定义为场景 2。通过代码可以使在用户点击 UI 按钮时，从场景 0 跳转至场景 1 或 2，从而实现模式的选择，以下代码为选择教学模式时，跳转至场景 1 的代码：

```
public classTextClick1：MonoBehaviour；
｛
public voidClick（）；//检测用户选择按钮
｛
SceneManager. LoadScene（1）；//跳转至场景 1
｝
｝
```

　　在使用脚本时创建一个 C♯ Script，将此脚本文件赋予按钮，按钮则就可以实现场景跳转的功能。

　　2)导弹教学模式中提示语的控制。涉及提示语的出现、消失及切换，语句如下：

```
public classStateView ：MonoBehaviour
｛
public staticStateView Instance；
publicImage[] button；
private voidAwake（）
    ｛
```

```
        Instance = this;//激活 SetState 函数
    }
private void Start()
    {
SetState(0);//默认教学模式第一阶段中导弹已经检查完毕
    }
public voidSetState(int id)
{
try
        {
button[id].color = Color.green;//表示完成该工作的提示
button[id + 1].color = Color.black;//表示已经完成的操作,对应的提示语消失
        }
        catch(System.Exception)//异常处理,如果显示超过了要显示的数目,那么不再增加
}
```

9.3　虚拟仿真系统设计

发动机维修训练子系统主要通过触觉反馈、眼球追踪、手势跟踪和"一个真实场地"4 种。用户通过 VR 头戴设备以及虚拟现实手柄上按钮和振动的反馈,置身于虚拟发电机厂房内对发动机的静态展示模型进行眼球追踪和触觉交互。眼球凝视在发动机的部件上时会相应地显示文字介绍的弹框和悬浮的部件模型,用户使用手柄点击拖动模型可以使模型跟着旋转起来,方便用户观察到部件的全貌,结束以后通过手势向右的明显位移关闭弹窗与悬浮模型。

发动机维修训练子系统主要有三个功能。一是维护过程的视频演示,通过观看视频,培训者可以初步了解发动机的维修过程,为使用该系统进行培训铺平道路。二是沉浸式交互,利用 VR 技术对发动机进行建模仿真,构建逼真的厂房场景,为用户提供最真实的感受。三是培训功能,这是系统的核心功能。通过这一功能培训人员可以掌握发动机维修检查的培训流程,以及易损件的具体检查。

9.3.1　视频演示功能

该功能的实现较为简单。首先将录制好的视频资源导入 Unity 中,然后设置导入的视频格式为 Movie Texture,如图 9.8 所示,该视频可以像普通的图片一样贴附在物体上。

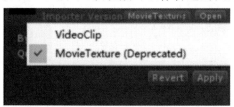

图 9.8　视频格式选择

之后,创建一个 plane 物体,作为视频播放的载体,将上面提及的控制视频播放脚本挂载 plane 上即可。

9.3.2　维修训练功能

维修功能是该系统的核心功能。该功能的设计思路如下:训练人员进入训练界面,首先为通用发动机的静态展示,此界面可以通过旋转、放大、缩小等功能实现训练人员对通用发动机构造的详细了解与认知。接着训练人员可以点击发动机上主要部件了解发动机的主要部件的基本信息,包括其在日常工作时易出现的问题以及相关解决办法。旁边 UI 界面按钮功能为维修流程、部件介绍等,课件培训时训练人员可以使用发布者上传的训练课件进行学习。试题考核功能包括理论知识考核和实践操作考核,可以作为训练人员的考核系统检验训练人员是否达到合格水平。辅助功能即一些简单搜索功能和个人训练笔记等,人员信息则包含训练时长和训练成效等一些基本信息。以上功能主要通过三个脚本完成。第一个脚本为发动机三维展示的脚本,通过该脚本训练人员可以达到全方位观察通用发动机的功能;第二个脚本为点击发动机部件弹出相关 UI 框的脚本,通过该脚本训练人员可以达到认识了解熟悉发动机核心部件的相关信息的目标;第三个脚本为主脚本,其功能为打开相应程序和模型,使该维修训练系统功能更加完善。

在脚本代码方面,主要涉及两个核心脚本的代码。

(1)通用发动机口盖、观察孔拆装的脚本代码如下:

```
using System. Collections;
using System. Collections. Generic;
using UnityEngine;
using kernal;

public class Ctrl_EquipmentSplit ：MonoBehaviour
{
public bool isOpenSplit ＝ true;
//是否开启拆装功能
public bool isSplitMark ＝ false;
//是否拆分标识
public float moveSpeed ＝ 0. 1F;
//移动速度

public Transform[] allEqParts＝new Transform[0];
//所有的设备部件
public Transform[] eqPartTarget＝new Transform[0];
//设备部件的目标位置
    private Dictionary＜string，Vector3＞ _EqPartInitPosition＝new Dictionary＜string，Vector3＞
();    //设备部件的初始位置
```

```
void Start()
{
    //获取到设备的初始位置
    GetEqInitPosition(allEqParts，_EqPartInitPosition)；
}


void Update()
{
    if (isOpenSplit)
    {
        //Log.Write("开启测试拆分脚本")；
        //进行拆分
        if(isSplitMark)
        {
            //Log.Write("拆分设备部件")；
            //移动方法
            MoveMethod(allEqParts，eqPartTarget，moveSpeed)；
        }
        else
        {
            //返回方法
            BackMethod(allEqParts，_EqPartInitPosition，moveSpeed)；
        }
    }
}
```

(2)点击发动机部件弹出相关 UI 框的脚本代码如下：

```
usingSystem.Collections；
using System.Collections.Generic；
using UnityEngine；
public class ShowWindow ：MonoBehaviour {
    public string stage；
    public string tag；
    GameObject gameobject；
public bool WindowSwitch = false；
private Rect WindowRect = new Rect(20，20，240，80)；
private void OnGUI()
    {
if(WindowSwitch)
        {
            gameobject= GameObject.FindWithTag(tag)；
    if (gameobject.GetComponent<MeshRenderer>() ！= null)
```

```
        {
                Material material = gameobject. GetComponent<MeshRenderer>(). material;
                string name = material. name;
                string[] str = name. Split('_');
            stage = str[1];
                string[] str1 = stage. Split('(');
                stage = str1[0];
        }
    else if(gameobject. GetComponentInChildren<MeshRenderer>() ! = null)
        {
                Material material = gameobject. GetComponentInChildren<MeshRenderer>().
material;
                string name = material. name;
                string[] str = name. Split('_');
                stage = str[1];
                string[] str1 = stage. Split('(');
                stage = str1[0];
        }
        GUI. Window(0, WindowRect, DoMyWindow, "状态显示");
        //GUI. DragWindow(new Rect(0, 0, 2000, 2000));
        GUI. Label(new Rect(22, 40, 240, 80), "设备:" + tag);
        GUI. Label(new Rect(22, 60, 100, 100), "状态:"+stage);


        }
    }
void DoMyWindow(int windowID)
    {
if (GUI. Button(new Rect(220, 0, 20, 20), "X"))
        {
                WindowSwitch = false;
        }
    }
    // Use this for initialization
    void Start () {
    }
    // Update is called once per frame
void Update () {
        if (Input. GetMouseButtonDown(0))
        { //首先判断是否点击了鼠标左键
            Ray ray = Camera. main. ScreenPointToRay(Input. mousePosition);//定义一条射线,这
条射线从摄像机屏幕射向鼠标所在位置
            RaycastHit hit;//声明一个碰撞的点(暂且理解为碰撞的交点)
```

```
        if (Physics. Raycast(ray, out hit))//如果真的发生了碰撞,ray 这条射线在 hit 点与别的
物体碰撞了
        {
            tag = hit. collider. gameObject. tag;
            WindowSwitch = true;
            //GetComponent<Transform>(). pos
        }
      }
    }
  }
```

9.4　虚拟仿真系统发布

在 Unity 上将系统开发出来以后,还不能直接在 HTC 软件上运行,还需将系统软件发布在 SteamVR 上才可以在 VR 眼镜中看到。发布过程如下:

(1)设置构建窗口。点击 Unity 编辑器菜单栏 File/Build Settings,打开构建窗口。在 Platform 列表选择"Windows Store",并点击 Switch Platform 切换发布平台。在右边,选择 SDK 为 Universal 10,针对 Windows 10 SDK,将 Target device 设定为 HTC Vive。而 UWP Build Type 使用 D3D 模式,UWP 的 SDK 可以选择 10.0.10586.0 或其他的。若想本地调试 Build and Run on,则指定 Local Machine,以及同样便于本地测试可以勾选 Unity C♯ Project 用于输出 Visual Studio 的项目工程。最后,点击 Add Open Scenes,将当前 Scene 添加到 Scenes In Build,如图 9.9 所示。

图 9.9　构建前的设置窗口

（2）开发选项设置。点击 Build Settings 窗口的 Player Settings 按钮，在检视视图中打开相关的窗口。在完善 Company Name 与 Product Name 信息后，选择 Windows Store 选项卡中的 Other Settings 进行进一步的设置。勾选 Virtual Reality Supported，启用 VR 的支持，设定系统为 Windows Holographic，如图 9.10 所示。

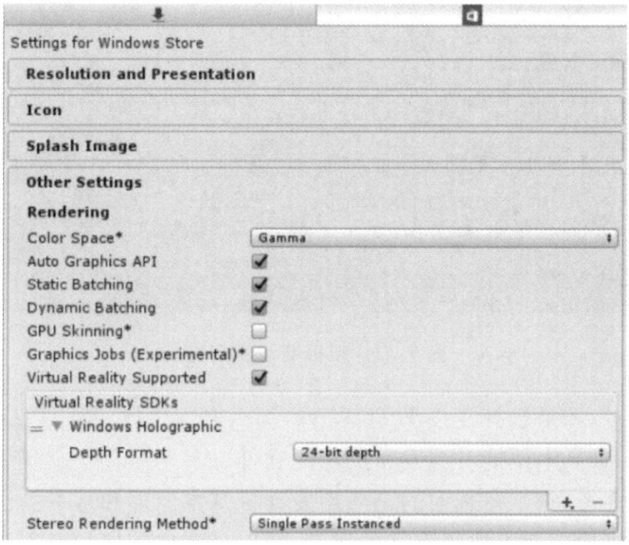

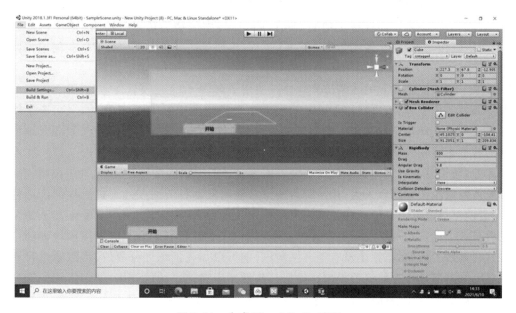

图 9.10 开发选项设置

（3）生成 Visual Studio 项目。回到 Build Settings 窗口，点击 Build 按钮开始构建 Visual Studio 项目。如果是第一次构建，会弹出指定存放工程文件夹的窗口，新建应用程序文件夹并选择保存，构建就开始进行直至完毕，如图 9.11 所示。

图 9.11 生成 Visual Studio 项目

(4)Visual Studio 运行模拟器。打开刚才新建的 APP 文件夹,启动这个同名的 Visual Studio 项目工程。将 Target 设置为 Release,构建 architecture 为 x86,以及 device 为 HTC Vive。最后,点击绿色箭头启动模拟器运行,浏览效果,如图 9.12 所示。

图 9.12　模拟器运行情况

当模拟器启动时,如果选择连接 HTC Vive,那么之前生成的项目工程便会发布到眼镜中,打开眼镜,在其 APP 中便能看到发布成功的软件。

出于装备敏感性考虑,本章选取的是通用发动机基本原理和基本操作模拟教学。另外,不同型号飞机发动机周期性工作流程基本相似,所以具有比较好的通用性,以期为模拟训练技术在 LVC 体系架构中的运用,借助虚拟现实技术解决 LVC 模拟训练教学资源匮乏和训练缺少装备的问题。虚拟现实技术可以模拟高度逼真的虚拟环境,在这个环境中体验者可以对搭建的环境有一个直观的了解。在利用该技术对装备进行虚拟仿真后,使用者便可通过相应的硬件去和装备进行交互,从而更好地理解装备的构造与原理,大大地提高了训练的效果,节省了训练的成本。

通过编写模型脚本实现特定功能,使在 VR 环境中的物体可以被放大、缩小、移动、旋转,给物体制作动画,使物体场景更加形象、生动,也便于练习者更好地理解拆装的流程以及方法。

学习了一些性能优异的建模仿真软件。使用 SolidWorks 建模软件,建立逼真的发动机及其零部件的模型,然后再使用 Unity3D 引擎工具搭建虚拟的环境,让物体、页面场景能够按照想法运动实现特定的功能。最后借助先进的 HTC Vive 设备,可以将在 Unity3D 中搭建好的软件运行在其中,实现人与虚拟环境的交互,提高了训练的效率。

此外,对于发动机这一类大型核心装备需要设计的模拟训练科目较多,训练模型和环境的开发需要大量的时间和人力,该系统目前只对通用发动机的周期性维护流程训练进行了仿真,后期可以考虑将其他的装备维护流程加入系统中来,如定检、飞行前装备甚至是发动机的拆装等。尤其是对于发动机拆装等成本特别高、难度特别大的工作的岗前培训都可以借助这套系统。目前,该系统没有评分机制,后期可以加入训练评分模块,可以通过目光和手势跟踪来判断是否按照流程操作。根据一些使用者对该系统的使用反馈,系统的交互性还有待提高。通过手势抓取部件还不够灵活,一些交互效果制作得还不太合理,后期可以针对该系统的交互性再进行优化,改善操作者的体验感。

第10章 LVC时空一致性控制
方法应用及通信方式

时空一致性是LVC分布式模拟训练环境的基本需求之一,同时也是确保虚拟训练过程真实性和训练过程有效性的技术。当前,装备模拟训练必须向联合仿真发展,通过构建大规模的分布式联合仿真训练平台系统,来实现不同时域、不同地域条件下的跨域互操作,在LVC仿真集成技术的前提下,搭建起真实环境、构造仿真和虚拟仿真的整体性联合平台,从而达到虚拟和现实混合的前提。在飞机的装备训练中,不同环境下的仿真参与者的异构性强,时间分辨率不同,时钟不能保持同步,互操作程度低,给仿真造成了巨大的困难。

本章通过对联合仿真集成体系架构,对时空同步、数据通信等集成问题进行综合性讨论。在高层体系结构HLA联邦的桥接架构系统下,使用多联邦的桥接,通过每个参训对象的RTI接口进行实时数据传输,桥接的HLA也会因为在通信过程中的信息交互而产生时空不一致问题,重点解决时空不一致问题,利用相关技术进行统一管理。使用航迹递推(Dead Reckoning,DR)算法在不同阶数下的应用来对时间进行一致性控制,并结合延迟模型对结果进行校正,空间一致性保证则通过DR高阶算法和坐标转换来实现;针对数据通信问题,本章基于DDS中间件进行数据收发和转接,构建底层通信中间件,并对通信数据进行总结归纳。

10.1 LVC体系多邦联系统数据交互

10.1.1 LVC体系多联邦系统

对于桥接的多联邦系统概念而言,主要是用来解决中小规模仿真到大规模仿真搭建过程,并且要保证系统在经过扩展后的功能范围不会因为系统的容纳而减少或冲突。HLA的互操作层次可分为通信层、实时接口层、模型层和应用层。

针对原来的中小规模系统转变为大规模仿真系统的优点在于可以反复使用原有系统的特点和长处,减少在大规模系统构建过程中设计难度和经济花费。在网络范围内,利用网关节点数据的分发控制,在一定区域内实现不同系统的互操作。这个系统可以是以实体机带动的小型区域网络,也可以是虚拟机在网络中搭建的虚拟区域网络群,也可以作为一个云服务台接口端连接在分发节点,实现对多个联邦对象的联结。如图10.1所示,环形连接便是解决中小规模系统转变为大规模仿真系统的一种方式。

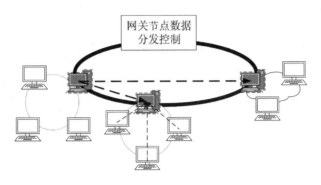

图 10.1　环形连接示意图

如图 10.2 所示,实时接口的服务器下受到网关节点分发的控制,每个联邦单元下的 RTI 服务器都会连接有不同的成员对象,成员对象可以通过实时接口在该系统中进行信息交流。同时每个联邦单元下都有一个桥接的发送端成员和一个桥接的接收端成员,两个端口成员之间形成桥接,在联邦 A 系统单元中发生 M 事件,经过桥接成员 A 传递信息给联邦 B 系统单元的成员 1,在联邦 B 中产生相应的表现。同理可知,在联邦 B 中发生的事件也可以传递给联邦 A。

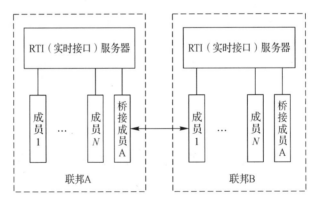

图 10.2　RTI 实时接口

对于两个或者简单几个联邦对象来说,其信息传递可以简单的通过成员间的信息交互达到互操作的目的,但是对于大规模的模拟仿真系统来说,参与仿真的联邦成员数量会大大增加,参与的系统模型也会变得多种多样,带来的时间延迟也会随着参与对象数量的增加而增大。这便需要 RTI 接口除了在满足内需,也就是自身本联邦内部成员的信息交互条件下,也要对外发送和接收数据,在运行时间支撑系统 RTI 下的底层通信网络中进行信息传输。虽然对于拥有实时接口的联邦成员,可以很大程度上实现自身的信息交互,但是对各个联邦成员即各个系统来说,实时通信就会显得很困难,因为 RTI 接口不仅仅需要内部转发,也需要外部的接转,在通信网络带宽的影响下,运行时间支撑系统会出现对各接口的时间差异,带来各系统间的互操作问题。

10.1.2　多邦联系统数据转发分析

对于桥接的数据转发,原始使用 RTI 接口,不只是通过简单的桥接来解决时空一致性问题,需要有不同数据类型在不同时间节点方面把时间和消息内容结合起来。从图 10.3 的联邦成员 A 和联邦成员 B 在 RTI 服务器下的时间推进和信息交互原理,联邦成员 A 在 T 时刻发送时戳为 T+Ta 的消息 Ma 至 RTI 服务器接收端,同时在 T+Ta 时刻发送请求指令申请推进到 T+dT1 时刻,在 T 时刻之前发送时戳为 T+Ta 的消息 Mb,同时也发请求指令申请推进到 T+dT2 时刻,在 T+Ta 时刻由 RTI 服务器发送时戳为 T+Ta 的消息 Ma 到联邦成员 B。在经过 dT1 时刻后,RTI 服务器处理联邦成员 A 的请求消息,反馈指令信息允许推进到 T+dT1,联邦成员 A 到获得准许指令后,在 dT1 时刻后申请推进到 T+2×dT1 到 RTI 服务器,在 T+Tb 时刻联邦成员 A 接收由 RTI 服务器发送时戳为 T+Tb 的消息 Mb,RTI 服务器在 T+dT2 时刻由 RTI 服务器发送指令允许推进到 T+dT2 消息给联邦成员 B,信息根据相应的传递交换方式实现两个联邦成员之间的信息交流。

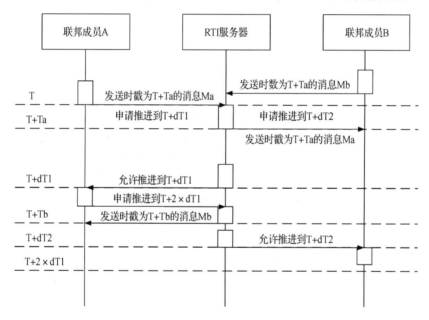

图 10.3　AB 成员时间推移

对于常见的 HLA 结构来说,一般不会只有两个联邦对象进行信息传输,往往会包含很多的联邦对象,信息传递的过程中基本由简单的两个联邦对象传输过程进行多向式传输,但看一个系统下两个成员交互满足图 10.4 中的条件情况,在系统对外交互情况下,需要利用传输控制协议/网络协议(Transmission Control Profocol/Internet Protocol,TCP/IP)进行转发时戳为 T1 的消息,要注意的方面是第二个系统的联邦成员 A 接收到的上一个系统联邦成员 B 的消息后,在 T1+t 到 T 时刻间发送以本成员允许的最小发送时刻 T1+t 发布接收前一系统的消息至 RTI 服务器,在 T1+t 时刻联邦成员 B 接收到发送时戳为 T1+t 的消息。

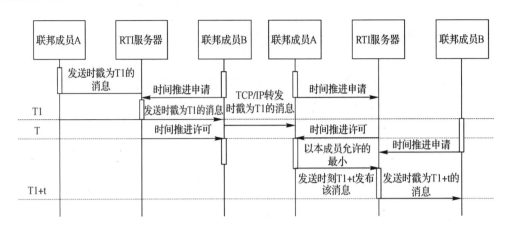

图 10.4　桥式数据分发

10.2　联合仿真训练平台

10.2.1　联合仿真训练平台的概念

联合仿真训练平台是通过综合性方式,将参加训练对象、系统、装备法则、通信方式、数据等相关成分汇总到一个训练平台,对整个训练过程进行统一的管理和控制,减少装备研制过程中可能出现的不兼容情况,在 HLA 体系架构下完成训练过程,再通过平台内有的时空处理算法,减少综合训练中的时空不一致情况,提高综合训练的效率。

一般来讲,在传统的训练仿真中,都是单一化的形式,一个仿真系统对一个或一种类型的训练对象。在实际操作中,这种单一化的训练模式虽然在某一个方面能够提供较为精确的仿真数据,但是一旦这种装备放在复杂的综合环境下,单一数据的精确性已经不足以来支撑装备的下一步功能。而联合仿真则是可以克服这种缺点,在综合的角度下实现装备的全方位仿真效果呈现,在有限的仿真资源条件下获得更多的训练数据,降低训练成本。

联合仿真训练平台可以抽象化为图 10.5 所示,每一个参与对象抽象为一个代理端,以3 个代理端为例,代理 1、代理 2、代理 3 之间都可以通过通信协议进行数据交互,同时交互的数据可以经上层传输信息流发送到总控平台,这里总控平台一般为后台云服务器,可以涵盖较多的数据信息。总控平台不只是有接收数据信息的功能,同时也要向外发送控制流数据,利用指令性信息对成员代理端进行控制,使其在总控平台的架构下进行仿真训练。

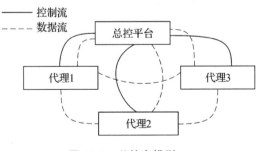

图 10.5　总控台模型

10.2.2　联合仿真训练平台模型设计与搭建

联合仿真训练平台是在为 LVC 仿真提供支持,平台将实装-模拟器-数字构造联合在一起,是整个训练过程的核心,联合仿真平台的设计可分为两个部分——总控平台和代理端。总控平台起到总体控制作用,代理端负责接收加入训练的各个系统。

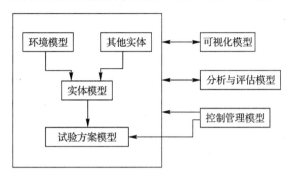

图 10.6　仿真模型建立关系

在仿真模型建立时,首先构建环境模型与其他实体合成为实体模型,再建立控制管理模型与实体模型组为试验方案模型,然后创建可视化模型、分析与评估模型,完善控制管理模型,最终完成模型建立,关系如图 10.6 所示。

总控平台可分为四个部分,即界面显示、训练任务管理、训练过程与监控、训练数据显示与分析。细分下来训练任务管理层面分为训练任务配置和仿真初始化管理,训练任务配置下还包含了训练文件配置、训练模式配置、数据记录配置等;训练过程与监控下可分为实时状态监控、系统故障处理和仿真控制命令;训练数据显示与分析包含了实时的数据监控、数据记录与管理和事后分析。通过总控平台下各个层面的功能实现信息的传输和下属代理端的控制。总控平台各部分关系如图 10.7 所示。

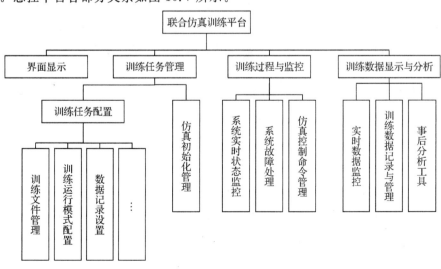

图 10.7　联合仿真训练平台模型

除了总控平台的设计起主导作用外,每一个人参训系统形成的代理端也很重要,其逻辑设计大体可以分为仿真资源库、TCP 连接通信、仿真资源库访问接口模块、数据解析及格式转换处理模块,最后到子系统。在代理端设计的外部模块中有网络中间件应用层接口模块、日志记录模块、处理模块等,如图 10.8 所示。

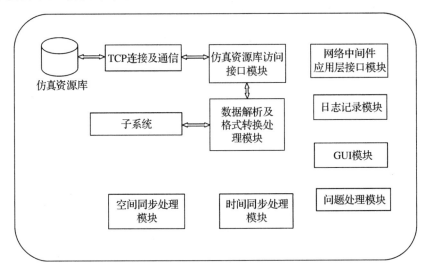

图 10.8 代理端模块

10.2.3 联合仿真训练平台问题分析

联合仿真训练平台在设计之初是基于 HLA 高层体系架构下一种综合应用,虽然在很大程度上克服了系统不互通和互操作性差等问题,但是联合仿真训练平台仍然存在一些缺陷,大致上可分为三种:时空统一问题、通信传输问题和实体训练问题。

(1)时空统一问题,一般来讲就是本章研究的时空一致性问题,联合仿真训练平台面对的参训对象是多层次的、多系统的,现代装备训练中已经不是只从一个区域内的训练,比如飞机的模拟飞行打击,飞机从 A 机场起飞,携带有现实中不存在的模拟弹,在后台控制单元构造一个虚拟目标 C,飞机需要飞到指定区域对 C 目标进行打击,后台在监控打击过程中,并不是实时跟踪的,而是由一个一个的时间节点反馈信息构成的连续形信息流,这样会出现时空不同步的情况。

(2)通信传输问题,通信传输在现有条件下并不是统一的,对于近距离、数据少的信息流,只需要分配一定量的带宽传输即可,假如按照最大化原理保持带宽的情况,会造成极大的资源浪费,而对于大规模系统的信息传输中,带宽的长度又是有限的,所以就会出现信息堵塞的情况,在时间线节点上不能按时出现相应节点信息数据,影响训练的效果。

(3)实体训练问题,实体在参与平台仿真中发挥的一般是信号发射源的作用,但是实体又不一定完全兼容在联合仿真训练平台中,还需要把实体信息投影到仿真系统中,在模型构建和处理的过程中又会带来一定时间的空档期,影响模拟的训练过程。

对于联合仿真平台存在的问题,关键来看就需要解决时间和空间一致性的问题,只有尽最大可能解决这种情况,模拟仿真训练的效果才会达到最大化。

10.3　DR 算法

10.3.1　DR 算法概念及思路

DR(Dead Reckoning)算法,一般又被称为是航迹递推定位算法,只要保证初始设定时,物体前进的方向不发生改变,都会到达既定的目的地。若物体在运动时受到干扰,方向发生了偏移,则需要重新对航向方位进行修正,沿着修正的方向继续前进。

使用 DR 算法的思路主要是构建:一种是构建成员本身的内部模型,用来反映参与者的现实运动;另一种是成员对外的表现模型既外推模型,用来对外反映实时的状态预测情况以及其他系统可接收的状态信息。如图 10.9 所示,成员 A 在自身系统计算出相应的内外模型后,通过通信网络发送到成员 B 和成员 C,同理,B 和 C 也可以将信息计算后发往其余参与对象。

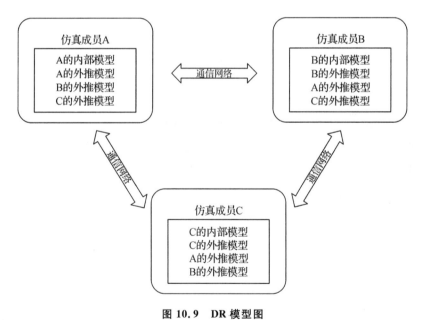

图 10.9　DR 模型图

在仿真成员 A、仿真成员 B 和仿真成员 C 之间存在相互之间的内部联系,三者可以在形成一个局部网络空间,但是 DR 算法并不只是仅限于两两之间或是三者之间,算法可以根据在不同参与对象数量的情况下,分不同种类的使用。同时,在配合平台式联合仿真的训练中,也可以将大规模分布式的参与对象构建为一个整体,再以转化条件下进行算法推算。

DR 算法解决了大规模仿真 LVC 条件下大批量信息传递的压力,使得系统里面的参与者利用有限的通信信息条件便可以获取较多的训练环境实时态势,每个成员接收信息后会进行如图 10.10 所示的流程处理。

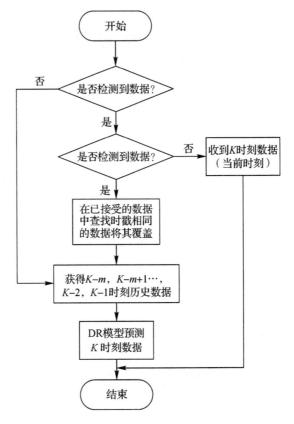

图 10.10   DR 算法逻辑图

经过上述流程推算,结合公示获得某一时刻的状态数据。

10.3.2   DR 算法的模型推算

DR 算法的模型来自泰勒公式:

$$f(x) = f(x_0) + f(x_0)(x - x_0) + \frac{1}{2}f^{(2)}(x_0)(x - x_0)^2 + \cdots + \frac{1}{n!}f^{(n)}(x_0)(x - x_0)^n + R_n$$

$$(10.1)$$

式中:最后一项是拉格朗日余项,是 DR 推算与实际运动的误差。由此可以得到高级 DR 模型为

$$X(t) = X(t_0) + V(t-1)h + X(t_0)(t - t_0) + \frac{1}{2}X^{(2)}(t_0)(t - t_0)^2$$
$$+ \cdots + \frac{1}{n!}X^{(n)}(t_0)(x - x_0)^n + R_n \qquad (10.2)$$

其坐标信息用 (X_e, Y_e, Z_e) 表示,对应使用 $V_i(i = X, Y, Z)$ 表示速度,$a_i(i = X, Y, Z)$ 表示加速度,可以得到 DR 模型如下。

（1）一阶 DR 模型：

$$
\left.
\begin{array}{l}
X_e(t) = X_e(t-1) + V_x(t-1)h \\
Y_e(t) = Y_e(t-1) + V_y(t-1)h \\
Z_e(t) = Z_e(t-1) + V_z(t-1)h
\end{array}
\right\}
\tag{10.3}
$$

（2）二阶 DR 模型：

$$
\left.
\begin{array}{l}
X_e(t) = X_e(t-1) + V_x(t-1)h + 0.5a_x(t-1)h^2 \\
Y_e(t) = Y_e(t-1) + V_y(t-1)h + 0.5a_y(t-1)h^2 \\
Z_e(t) = Z_e(t-1) + V_z(t-1)h + 0.5a_z(t-1)h^2
\end{array}
\right\}
\tag{10.4}
$$

在 DR 算法模型中，一般采用低阶运动模型，由于物体运动的较为缓慢，因此使得预测的情况也比较准确。

一般对于外推公式，都是在不占用大量资源的前提下的外推公式，通常使用二阶递推公式，即

$$
\begin{bmatrix} x(n) \\ y(n) \\ z(n) \end{bmatrix} = \begin{bmatrix} x(0) \\ y(0) \\ z(0) \end{bmatrix} + \begin{bmatrix} v_x(0) \\ v_y(0) \\ v_z(0) \end{bmatrix} nh + \begin{bmatrix} a_x(0) \\ a_y(0) \\ a_z(0) \end{bmatrix} (nh)^2 / 2
\tag{10.5}
$$

对于上述公式，可以用 v 和 a 分别表示速度和加速度。

对于姿态角外推公式，一般使用一阶公式，即

$$
\begin{bmatrix} \varphi(n) \\ \psi(n) \\ \gamma(n) \end{bmatrix} = \begin{bmatrix} \varphi(0) \\ \psi(0) \\ \gamma(0) \end{bmatrix} + \begin{bmatrix} w_x(0) \\ w_y(0) \\ w_z(0) \end{bmatrix} \cdot nh
\tag{10.6}
$$

10.4　分布式虚拟环境时空一致性

时空一致性的定义，从字面意义上来说是时间和空间上的相统一机制。

分开来讲，时间一致性是指在同一时刻 T 位于 A、B 两点的参与者，两者互不可见并且从物理层面也不可知，两者之间只有信息交互，A 点参与者在 T_1 时刻发生了事件 1，B 点参与者在 T_2 时刻发生了事件 2，事件 1 经过 Δt_1 的时间通过传输让 B 点参与者知晓，事件 2 经过 Δt_2 时间通过传输让 A 点参与者知晓，但是因为时间延迟的存在，原本事件 1 和事件 2 应该分别在 T_1 时刻让 B 点参与者知道、在 T_2 时刻让 A 点参与者知道，正是由于 Δt_1 和 Δt_2 这两个时间差的存在，使得时间不一致，一旦消除了这两个时间差的存在，就是时间的一致。

空间一致性的定义，对于空间而言，一般时空不分开，二者相提并论，可以类比与时间一致性的定义，也是在同一时刻 T 位于 A、B 两点的参与者，两者互不可见并且从物理层面也不可知，两者之间只有信息交互，A 点参与者在 T_1 时刻发生位置变化，到了 A′点，B 点参与者在 T_2 时刻发生位置变化，到了 B点，但是由于数据传输的局限性，A 在 $T_1 + \Delta t$ 时刻只能得知 B 点参与者到了 B′点，与实际相差 Δx_B，B 在 $T_2 + \Delta t$ 时刻只能得知 A 点参与者到了 A″点，与实际相差 Δx_A，正是由于 Δx_A 和 Δx_B 这两个空间差的存在，使得空间不一致，只要消除了这两个空间差的存在，就是空间的一致。

在分布式虚拟训练中，时空一致性控制的影响因素有很多。因为作为后台的联合仿真

训练平台需要获得参与对象的实时状态信息来进行分析控制,参训对象实际所处的位置状态需要数据库进行读取,在获取和读取信息的过程中,一般为了信息安全形会进行加密,但是加密解密的过程会造成一定的时间浪费。如果我方为了提高数据传输的效率,不对数据进行加密,就有可能会在传输过程中受到外来的干扰和噪声,影响获得信息的及时性和准确性。总结来看,主要有以下因素会影响时空一致性的控制:

(1)读取数据的节点频率。计算机在读取获取参训对象的数据信息时,过程是由无数个0 和 1 信号组成的跳变信息,数据读取的精度取决于数字节点跳变的频率,但是在数字跳变过程中可能会由于处理器处理出现故障而报错,进而重复读取信息进行转化,在部分信息处会出现信息重叠或者信息缺失的情况,导致时空位置出现偏差。

(2)数据传输的偏差。在仿真训练中,不会是在短距离内的简单数据传播,特别是大规模分布式仿真环境,中间会经过很多的节点计算机转接,会带来对传输速度的影响。除此之外,如果采用底层通信协议,中间件的数量会随着参与对象和传输长度的增加而增加,假设仅有少数几个中间件,它们所占据的带宽可以忽略,但是在中间件数量不断增加的过程中,一旦量级超过了可以忽略的范围,也会对传输速度产生影响。

(3)坐标不一致。不同系统的环境不同,采取的参考坐标系也就不同,联合训练平台要去参训者要保持一个相对统一的坐标系,这也就导致了不同坐标系在发送本系统的位置信息时,以自己的坐标为参考,使得总控平台在接收时产生了错误的理解,进而影响空间一致性控制。

(4)数据丢失和协议差异。这种影响因素也是因为各个系统之间的差异,数据在两个系统中传输时,A 系统通过自身协议向 B 系统发送数据包 a,但是 B 系统使用的是另外一种协议,对数据包 a 中的信息进行解码读取,往往会丢失一些不符合 B 系统协议的关键数据,使得信息的交互出现偏差。

从上述影响因素来看,时空不一致是 LVC 分布式仿真不可忽略的重要问题,因为时间是目前度量信息传输最为重要的一个标准,在实体环境中,参与对象的位置会随着时间的推移而发生改变,如果构建的时空一致性模型在初始传输阶段就产生了不容易被察觉的微小误差,便会随着时间的推移而被放大,进而会对长时间的仿真训练产生严重的仿真影响,所以这便要求在模型设计之初就需要具备差异找寻和发现能力。

10.5 时间一致性控制分析应用

考虑到时间是造成大规模 LVC 分布式仿真时空一致性误差的主导因素,现对时间延迟进行具体分析,针对不同类型的时间延迟分开讨论研究,可分为通信固有时间延迟、基站节点传输影响和模型延迟。

10.5.1 通信固有时间延迟

在时间延迟方面,很重要的方面就是通信的固有延迟,从产生形式来看,可以分成三个时间延迟偏差:一是数据打包时间延迟 ΔT_1,实体或者虚拟实体在进行仿真产生位置、状态、参数信息的时候,数据量高、占据内存量大,必须对数据进行打包压缩处理,打包的过程就会产生时间延迟,这个延迟 ΔT_1 会随着数据量的增大而增大,与数据总量成正相关;二是传输线路时间延迟 ΔT_2,在远距离信息传输的过程中,不是由 A 点到 B 点这样直接性传输,中间会经过 C、D、E…甚至是更多的中转通信基站,这就会引起通信数据在传输距离上有额外的通信路程要经过,虽然现在的光缆数据传输已经达到一个较快的速度,但是在距离足够长情况下,ΔT_2 不可忽略,并且 ΔT_2 是一个与传输距离成正相关的时间延迟;三是数据解码时间延迟 ΔT_3,参与互操作的接收对象在经过通信数据传输线路接收到数据包后,需要对数据进行分析解码,这就会产生时间延迟 ΔT_3,ΔT_3 也会随接收数据量的增大而增大,与数据总量成正相关。

由于 ΔT_1、ΔT_2 和 ΔT_3 的存在,通信固有延迟就会影响时间一致性的控制,这就要求在进行 DR 算法时间推算的过程中,要根据数据量的大小和类型以及传输发送点与接收点的距离,相应的进行时间补偿,提高时间一致性控制精度。

10.5.2　基站节点传输影响

前文中提到,数据在传输过程中有一种时间固有延迟是与数据传输线路的距离有关系,这里也就会发现,除了数据传输线路,经过基站的数量也会对时间产生影响。通信基站在数据的传输过程中,可以分为有线基站和无线基站,在不考虑不同基站类型的条件下,信息数据经过中转基站时会产生对应的线路选择,这就在基站中转时间延迟上产生了 ΔT_j,随着中转基站数的增多,ΔT_j 存在的概率会呈现一个泊松分布的情况,这就要求在计算过程中要根据基站数对应的泊松分布概率与 ΔT_j 的乘积对计算后的时间进行校正。

在考虑到基站的类型后,可以把有线基站归纳为非连续性基站,中间存在断续的可能,无线基站一般相互覆盖程度比较高,数据传输连续性比较好,将其归纳为连续性基站。

图 10.11 和图 10.12 所示分别为非连续性基站节点与连续性基站节点发生延迟的概率,总体都是呈正态分布。非连续性基站因为为有线传播最大概率发生,延迟经过的基战数为 9.1。而连续性基站为无线传播,传播形状为圆体,导致它的最大概率发生延迟经过的基站数减少为 4 个左右。

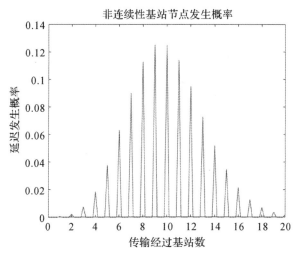

图 10.11　非连续性基站节点发生概率

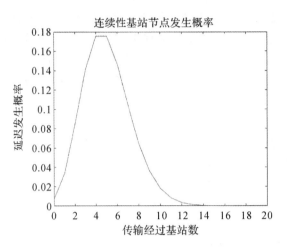

图 10.12　连续性基站节点发生概率

10.5.3　模型延迟分析

数据解码时间延迟的存在是因为,移动通信中转过程中会存在噪声和干扰,噪声的存在可能会干扰数据的传输,但也有可能数据跳过噪声干扰继续传输,这边会形成一个由正态分布概率的噪声干扰时间延迟 ΔT_N,如图 10.13 所示,通过检测手段检测噪声和干扰存在的数量关系,根据模型分布正态延迟的概率,计算 ΔT_N 存在的时间延迟具体值,在时间计算中也要进行校正。

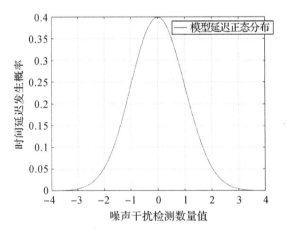

图 10.13　正态分布延迟模型

10.5.4 时间延迟校正

这里把时间延迟的校正时间设为 ΔT_0,其中包含了通信固有时间延迟 ΔT_{G0}、基站节点传

输延迟 ΔT_{J0} 和噪声干扰时间延迟 ΔT_{N0}，就可以得到相关校正时间的计算公式：

$$\Delta T_{G0} = \Delta T_1 + \Delta T_2 + \Delta T_3 \tag{10.7}$$

$$\Delta T_{J0} = P_1 \cdot \Delta T_J \tag{10.8}$$

$$\Delta T_{N0} = P_2 \cdot \Delta T_N \tag{10.9}$$

$$\Delta T_0 = \Delta T_{G0} + \Delta T_{J0} + \Delta T_{N0} \tag{10.10}$$

将上述公式代入经过 DR 算法处理后的时间结果中进行校正，以获得较为准确的时间推算值。

10.10.5　低阶 DR 算法时间控制分析

在时间一致性控制过程中，参训对象接收到感兴趣的数据信息后会进行仿真逻辑判断流程处理，接收到新的实体状态信息后，如果需要则以新状态数据为基准 DR 推算至当前时刻，如果不需要则以原状态数据为基准 DR 推算至当前时刻，之后进行坐标转换等一系列属性映射操作，再将处理后的数据发送至自身所需的内网中，随后将时间推进至下一时刻，如果仿真未结束则返回开始阶段，反之则仿真结束退出循环，如图 10.14 所示。

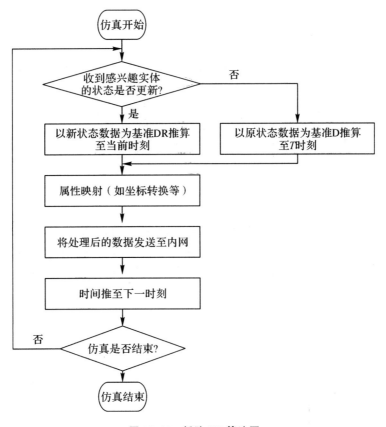

图 10.14　低阶 DR 算法图

10.6 空间一致性控制分析应用

对于空间一致性控制的方法可以分为两种：一种是利用高阶 DR 算法进行推算定位，时间和空间的存在是相互依存的，利用高阶 DR 算法中的积分推算可以累积出位置的变化；另一种是根据矩阵算法对空间坐标进行转换，这种算法可以在时间低阶 DR 算法的流程中体现，属性映射的方法之一。

10.6.1 高阶 DR 算法推算定位

在高阶 DR 算法中，加速度高阶导数作为一个不可忽略的物理量，是衡量物体位置变化一个很重要的物理量，但是低阶 DR 算法中时间的高次方导数往往会被作为一个量级较小的偏差参数被忽略掉，这就会导致在数据传输的开始产生一个微小的偏差影响训练结果。

在实际训练过程中，高阶导数的实际测量值又很难获取，这就需要用物体运动方程的高阶导数值和多次循环重复运动后的差值来进行计算，利用得到的数值近似估计后代替实际数值。高阶 DR 模型为

$$a^{(n)}(t) = \frac{a^{(n-1)}(t) - a^{(n-1)}(t-1)}{h} \tag{10.11}$$

式中：$a^{(n)}(t)$ 是在 t 时刻的加速度 n 阶导数，$a^{(n-1)}(t)$ 是在 t 时刻的加速度 $n-1$ 阶导数；$a^{(n-1)}(t-1)$ 是在 $t-1$ 时刻的加速度 $n-1$ 阶导数，求两者差所得的数值对 Δt 时刻内的 h 值做商，得到的数值经过近似后带入泰勒展开式，就可以得到物体运动外推数据。

由泰勒公式的性质可以知道，随着展开项数的增加，阶数增高，对应的 DR 算法的结束增高，对参训发送数据的对象运动的推算准确度就会更高。

10.6.2 空间坐标转换研究

在 LVC 仿真中，参训对象的所在环境不同，参考系不同，对应的空间坐标也就不相同，要使得在不同空间坐标下一致性得到体现，必须要对参训对象的空间坐标参数进行坐标转换，成为统一参考系下的可被数据转化的坐标参数，保证在信息传输过程中的快速性，其原理如图 10.15 所示。

图 10.15 空间坐标转换

在两个参与训练的仿真节点中，$L_i(i=1,2)$ 分别为对应两个系统的不相同的坐标系，C 是在总控平台的统一坐标系。这就需要连个仿真节点的坐标信息通过转换，将数据汇总到计算机网络中。

1. 空间位置

假设总控平台的统一坐标系下任意点的坐标为 (X_C, Y_C, Z_C)，某一飞行器在飞行过程中的地球参考系坐标为 (L, B, h)，3 个参数分别代表经度、纬度和高度，分析得到变换公式为

$$\begin{bmatrix} X_C \\ Y_C \\ Z_C \end{bmatrix} = \begin{bmatrix} (N+h)\cos B\cos L \\ (N+h)\cos B\sin L \\ [N(1-e^2)+h]\sin B \end{bmatrix} \tag{10.12}$$

$$L = \mathrm{arctg}(Y_C/X_C)$$
$$B = \mathrm{arctg}\left[(Z_C + Ne^2\sin B)/\sqrt{X_C{}^2 + Y_C{}^2}\right] \tag{10.13}$$
$$h = \left(\sqrt{X_C{}^2 + Y_C{}^2}/\cos B\right) - N$$

式中：N 为飞行器飞行半径，$N = \dfrac{a}{\sqrt{1-e^2\sin^2 B}}$，$a$ 是赤道半径，e 是地球扁率；B 为大地纬度，B 的初值设为 $B = \mathrm{arctg}\left[Z_C/\sqrt{X_C{}^2 + Y_C^2}\right]$。

而对于笛卡儿直角坐标系、平面极坐标系、柱面坐标系、球面坐标系等，由于参考对象的参考性，一般通过数学公式的推导将属于这些坐标系的坐标参数转换到地球坐标系后，再对其进行空间坐标转换，转化到平台参考坐标系中。具体坐标系转换如图 10.16 所示，即是一个原点和三个坐标轴转换成另一个原点和另外三个坐标轴的过程。

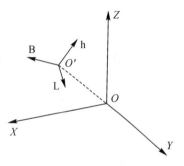

图 10.16　坐标系转换

2. 速度和加速度

速度和加速度的关系，可以根据矢量条件下牛顿第二定律得到

$$\frac{\mathrm{d}\boldsymbol{r}}{\mathrm{d}t} = \boldsymbol{v} + \boldsymbol{\omega}_0 \times \boldsymbol{r} \tag{10.14}$$

在 $\boldsymbol{\omega_0} = 0$ 的情况下，有

$$\frac{\mathrm{d}\boldsymbol{r}}{\mathrm{d}t} = \boldsymbol{v} \tag{10.15}$$

对于加速度则有

$$\frac{\mathrm{d}\boldsymbol{v}}{\mathrm{d}t} = \boldsymbol{a} \tag{10.16}$$

在平台参考坐标系和参训对象参考系中，可以通过方向余弦矩阵 $\boldsymbol{G}_C$ 进行变换，$\boldsymbol{G}_C = \boldsymbol{M}_1[\theta_1]\boldsymbol{M}_2[\theta_2]\boldsymbol{M}_3[\theta_3]$，$\theta_i (i=1,2,3)$ 表示对应的欧拉角，$\boldsymbol{M}_i[x]$，$(i=1,2,3)$ 表示对应的变换矩阵，具体为

$$\boldsymbol{M}_1[x] = \begin{bmatrix} 1 & 0 & 0 \\ 0 & \cos x & \sin x \\ 0 & -\sin x & \cos x \end{bmatrix} \tag{10.17}$$

$$\boldsymbol{M}_2[x] = \begin{bmatrix} \cos x & 0 & -\sin x \\ 0 & 1 & 0 \\ \sin x & 0 & \cos x \end{bmatrix} \tag{10.18}$$

$$M_3[x] = \begin{bmatrix} \cos x & \sin x & 0 \\ -\sin x & \cos x & 0 \\ 0 & 0 & 1 \end{bmatrix} \tag{10.19}$$

3. 姿态角

飞行器实际飞行过程中会做出很多机动动作,需要被相应系统采集参数,但这里采集的参数都是在飞行器参考坐标系中,不能直接被总控平台的计算机接收分析,就必须要对姿态角进行转换,具体转换为

$$B_G = M_1[\psi]M_2[\gamma]M_3[\varphi] \tag{10.20}$$

式中:γ 为绕 Ox 轴的转动角度;ψ 为绕 Oy 轴的转动角度;φ 为绕 Oz 轴的转动角度;φ、ψ、γ 分别为偏航角、俯仰角和滚转角。先后变换顺序为偏航、俯仰、滚转。在具体示例的坐标系中转换为

$$B_G R = M_1[\psi_C]M_2[\gamma_C]M_3[\varphi_C] \tag{10.21}$$

$$B_G R = \begin{bmatrix} \cos\varphi_C \cos\psi_C & \sin\varphi_C \cos\psi_C & -\sin\psi_C \\ \cos\varphi_C \sin\psi_C \sin\gamma_C - \sin\varphi_C \cos\gamma_C & \sin\varphi_C \sin\psi_C \sin\gamma_C + \cos\varphi_C \cos\gamma_C & \cos\psi_C \sin\gamma_C \\ \cos\varphi_C \sin\psi_C \cos\gamma_C + \sin\varphi_C \sin\gamma_C & \sin\varphi_C \sin\psi_C \cos\gamma_C - \cos\varphi_C \sin\gamma_C & \cos\psi_C \cos\gamma_C \end{bmatrix}$$
$$\tag{10.22}$$

根据以上内容相应地代入公式并计算,得到对应坐标系参数。

10.7　通　信　方　式

10.7.1　DDS 通信技术应用

LVC 分布式仿真条件下,在后台的总控平台上利用 HLA 搭建了联合仿真训练平台,但是平台的数据传输需要通信手段的支持,常见的通信机制有点对点模式、客户端–服务器模式和发布–订购模式,相对而言前两种通信机制对参与对象的选择性要求太高,不能够满足大规模条件下仿真数据传输的需要,这里考虑使用 DDS 通信机制。

10.7.2　DDS 通信技术概述

数据分发服务(Data Distribution Service,DDS)通信机制,是在新一代分布式实时通信中间件协议,采用发布–订购体系架构,以数据为中心,保障数据进行实时、高效、灵活的传输交互。DDS 使用的规范是由 OMG(Object Management Group)对象管理组织发布的相关标准包括核心协议〔DDSI-RTPS、DDS-XTypes、DDS-Security、Interface Definition Language (IDL)…、API(DDS C++ API、DDS Java API)〕、拓展协议(DDS-RPC、DDS-XML…)等 13 份协议集合。在分布式系统中,DDS 位于操作系统和应用程序之间,支持多种编程语言以及多种底层协议。这便是人们常说的跨域。

DDS 通信方式如图 10.17 所示,不同的参训对象属于不同的参训系统,传输信息时需要参训系统向共同的传输层传输。

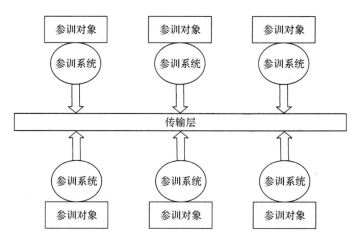

图 10.17　DDS 通信模型

10.7.3　DDS 通信中间件

DDS 是一种以发布-订购模式分发实时应用程序数据的网络中间件,并定义了发布对象(Publisher)、订购对象(Subscriber)、数据输入对象(Data Writer)、数据获取对象(Data Reader)、参与域(Domain)、不同域的参与对象(Domain Participant)、系统主题(Topic)以及这些参训实体间的协作,以实现发布订购的功能。DDS 发布订阅过程如图 10.18 所示,数据发布端与订阅端应用程序不同,不是直接联系的,而是通过 DDS 中间件通信。

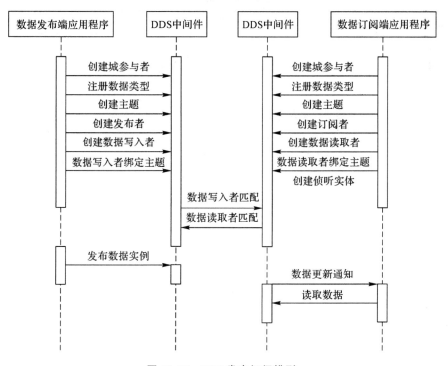

图 10.18　DDS 发布订阅模型

10.7.4 QoS 服务策略

服务质量(Quality of Service,QoS)是在 DDS 通信机制下,需要满足参训对象实时数据传输的质量,在有限带宽资源下,为联合训练仿真平台的各种信息交互方式分配相应的带宽。技术处理流程如图 10.19 所示。

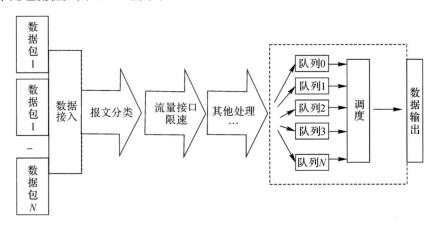

图 10.19 QoS 处理过程

QoS 的度量指标有带宽、时延、抖动和丢包率等,常用的服务模型有 Best - Effort 服务模型、IntServ 服务模型和 DiffServ 服务模型。服务策略见表 10.1。

表 10.1 服务策略

Oos 策略	意　义	相关实体
USER_DATA	不为中间件所知的数据,默认值为一个空序列	DP、DR、DW
TOPIC_DATA		T
GROUP_DATA		P、S
DYRABUKUTT	表达数据是否应该持久保存	T、DR、DW
DURABILITY SERVICE	指定持久性的配置服务	T、DW
PRESENTATION	数据变化的范围、一致性和顺序要求	P、S
DEADLINE	数据实例更新的周期	T、DR、DW
LATENCY_ BUDGET	数据通信可接受的最大延误时间	T、DR、DW
OWNERSHIP	是否允许多个数据写者更新数据的相同实例	T、DR、DW
OWNERSHIP STRENGTH	在多个数据写者对象间用于公断的长度值,只有在 OWNERSHIP 策略是 EXCLUSIVE 时才被应用	DW
LIVELINESS	用来判断实体是否"活着"的机制	T、DR、DW

续 表

Oos 策略	意　义	相关实体
TIME_BASED FILTER	允许读者指定感兴趣的数据子集的过滤器	DR
PARTITION	在发布者的订阅者主题间引入逻辑划分的字符串集	P、S
RELIABILITY	详细说明提供/请求的可靠性级别	T、DR、DW
TRANSPORT PRIORITY	详细说明如何设置数据传输的优先级	T、DW
LIFESPAN	由数据写入者写入的数据的最大有效期限	T、DW
DESTINATION ORDER	数据接收的顺序	T、DR、DW
HISTORY	数据实例保存的深度	T、DR、DW
RESOURCE LIMITS	详细说明为满足所请求的 OoS,服务可以使用的资源	T、DR、DW
ENTITY FACTORY	控制实体工厂的行为	DPF、DP、P、S
WRITER DATA LIFECYCLE	详细说明数据写入者在它所管理的数据实例的生命周期内的行为	DW
READER DATA LIFECYCLE	详细说明数据读取者在它所管理的数据实例的生命周期内的行为	DR

事件匹配的过程中,接收对象根据自己订购的相关需求,在索引系统里寻找相应的发送对象发布的数据信息,当匹配过程满足相应的条件时,就可以实现发布对象和订购对象的数据信息交互,完成事件匹配,使得两个代理端的参训对象能够在总控平台的控制下进行数据传输,传输内容即为通过 DR 算法和坐标空间转换后的时空信息,确保时空一致性。

10.8　一致性仿真试验分析

本实验假设是由在太平洋上的 A 点(160.71°E,210.71°N)的飞行器在空中进行实时动作,通过数据传输向外发送到总控平台,经过算法处理和传输后由在 B 点西安(108.52°E,33.86°N)的接收对象接收时空状态信息,为了实现试验内容,整个仿真训练过程是在虚拟环点境中进行,试验的环境如下。

设备品牌：Lenovo Legion R7000P。

处理器：AMD Ryzen 7 4800H with Radeon Graphics 2.90 GHz。

机带 RAM：16.0 GB（15.4 GB 可用）。

系统类型：64 位操作系统，基于 x64 的处理器。

操作系统：Windows10 中文版。

仿真软件：MATLAB2020a。

通过 MATLAB 代码输入并运行，以图 10.20 中 A 点到 B 点的数据传输为例，在海上使用模拟基站表示，陆上使用实体基站表示，为保证信息传输的安全性和信息传递的快速性，信息传输路线为 A→E→H→K→N→O→B，而实际传输过程则包含多条路径，A 到 B 的通信数据由实际传输的具体情况来决定。

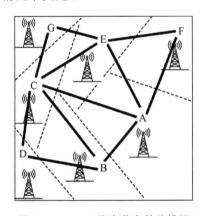

图 10.20　A、B 仿真节点基站模拟

表 10.2 是根据在给定 A 点初始 T_0 一个事件，对应 B 点接收到的初始时间节点，分别在不使用 DR 算法、使用一阶 DR 算法、二阶 DR 算法、高阶 DR 算法（以三阶为例）对预测时间的结果进行对比。

表 10.2　T_0 事件时间预测

算法情况	预测时间结果
T_0	0
不使用 DR	0.014 62
DR1	0.007 50
DR2	0.004 29
DR3	0.003 65

表 10.3 是根据在给定 A 点在 T_1 时刻一个事件，对应 B 点接收到的初始时间节点，分别在不使用 DR 算法、使用一阶 DR 算法、二阶 DR 算法、高阶 DR 算法（以三阶为例）对预测时间的结果进行对比。

表 10.3　T_1 事件时间预测

算法情况	预测时间结果
T_1	5.200 00
不使用 DR	5.248 94
DR1	5.210 64
DR2	5.206 84
DR3	5.204 21

　　表 10.4 是根据在给定 A 点 T_2 时刻一个事件,对应 B 点接收到的初始时间节点,分别在不使用 DR 算法、使用一阶 DR 算法、二阶 DR 算法、高阶 DR 算法(以三阶为例)对预测时间的结果进行对比。

表 10.4　T_2 事件时间预测

算法情况	预测时间结果
T_2	11.600 00
不使用 DR	11.685 92
DR1	11.615 34
DR2	11.608 47
DR3	11.605 45

　　通过上述时间的试验结果可以看出,在给定 DR 算法推算预测结果的时候,使得接收端得到时间结果精度要远大于不使用 DR 算法的情况,并且随着 DR 算法阶数的升高,推算的精度也不断在提高,但是由于固有延迟和通信等不可避免的因素,不可能完全实现时间的完全同步。

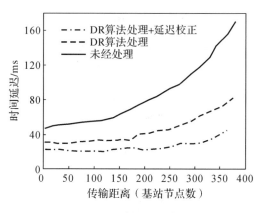

图 10.21　时间延迟对比图

　　同时,对 A、B 两点传输距离对时间延迟的影响来看,随着传输距离(基站节点数)的增加,时间预测的延迟会不断增大,但是对于应用 DR 算法处理的时间数据走向趋势对比来看,时间延迟降低了许多,然后在经过延迟校正后发现时间数据的偏差有所减小,说明在经过处理后的时间延迟对接收对象来说会更加准确。同时,也要认识到,因为本身数据传输中就会存在延迟,通过算法只能尽最大可能来减少延迟,而不能完全消除延迟。

给定飞行器飞行为例,假设在 A 点进行飞行动作,其高度、经度、纬度以及航向变化在B 点接收到预测后的仿真结果如图 10.22~图 10.32 所示。

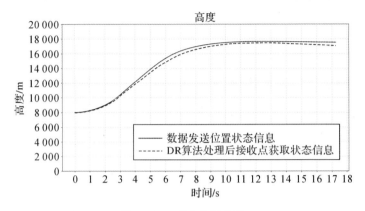

图 10.22　高度仿真结果

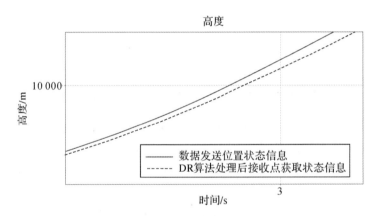

图 10.23　高度仿真结果细节 1

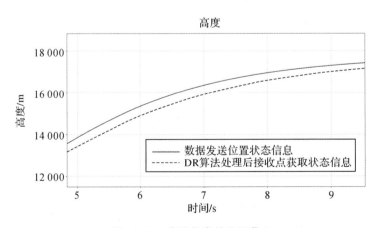

图 10.24　高度仿真结果细节 2

对图 10.22~10.24 中实线为数据发送位置状态信息，也就是 A 点的高度数据信息经过算法处理和传输后，得到的虚线为接收点 B 接收到的信息，从曲线整体走势和细节图分析来看，发送的数据和经过处理后接收的数据基本一致，误差在可接受范围内。

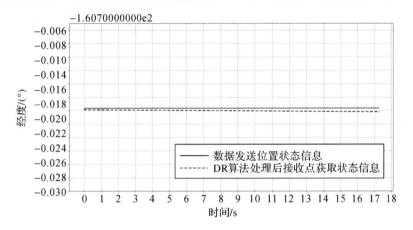

图 10.25　经度仿真结果

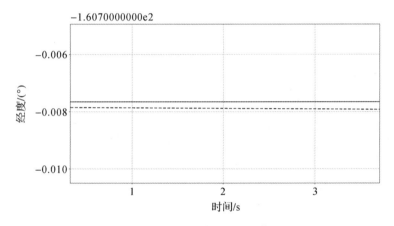

图 10.26　经度仿真结果细节 1

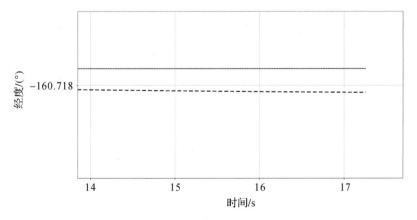

图 10.27　经度仿真结果细节 2

对图 10.25～图 10.27 中实线为数据发送位置状态信息,也就是 A 点的经度数据信息经过算法处理和传输后,得到的虚线为接收点 B 接收到的信息,从曲线整体走势和细节图分析来看,发送的数据和经过处理后接收的数据基本一致,误差在可接受范围内。

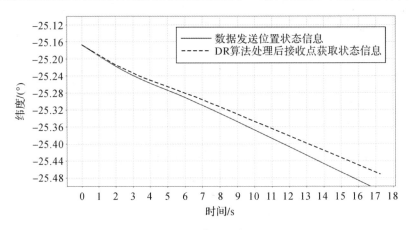

图 10.28 纬度仿真结果

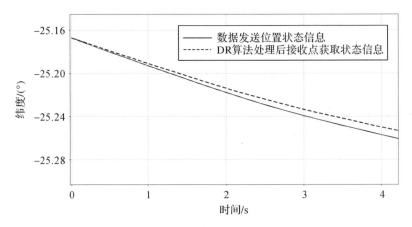

图 10.29 纬度仿真结果细节 1

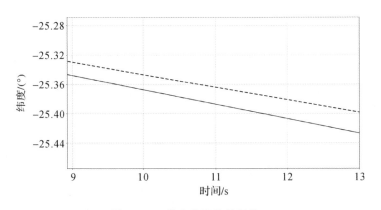

图 10.30 纬度仿真结果细节 2

对图 10.28～10.30 中实线为数据发送位置状态信息,也就是 A 点的纬度数据信息经过算法处理和传输后,得到的虚线为接收点 B 接收到的信息,从曲线整体走势和细节图分析来看,发送的数据和经过处理后接收的数据基本一致,误差在可接受范围内。

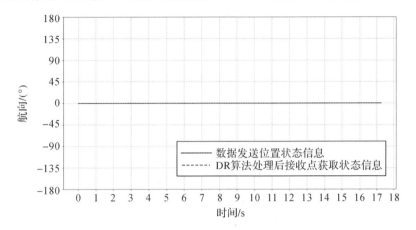

图 10.31　航向仿真结果

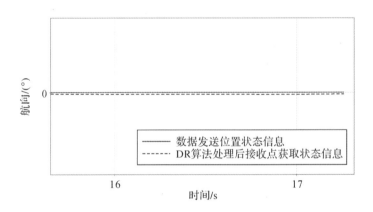

图 10.32　航向仿真结果细节 2

图 10.31 和图 10.32 中实线为数据发送位置状态信息,也就是 A 点的航向数据信息经过算法处理和传输后,得到虚线为接收点 B 接收到的信息,从曲线整体走势和细节图分析来看,发送的数据和经过处理后接收的数据基本一致,误差在可接受范围内。

通过上述仿真结果可以看出来,B 点接收到的高度、经度、纬度及航向参数基本上与 A 点的飞行数据情况一致,并且在细节分析图来看,基本上实现了空间一致性的控制。

在进行仿真的过程中,仿真结果大致上满足了设计之初的要求,在时间一致性控制的仿真结果中,只使用了使用低阶 DR 算法和三阶 DR 算法,因为再高阶的算法,由于试验条件有限,结果与实际情况必然会有偏差。

从时间一致性角度出发,这里只是进行了简单点对点时间节点预测,根据前文对延迟模型的分析,对最后的结果还需要进行校正,通过模型数据的校正,进一步提高时间精度。从空间一致性角度来看,仿真的过程已经默认了 A、B 两点对应的参考系和联合训练仿真总控平台的参考系一致,并没有涉及坐标转换的问题,这也就会导致在不同参考系下的坐标转换误差。

　　本章为面向 LVC 的跨域互操作虚实混合时空一致性分析,重点解决在大规模的分布式虚拟仿真训练中参加训练的实体在不同的平台、不同的地理环境下利用网络技术进行信息的交互传递问题。对 LVC 在跨域范围内的互操作进行了分析,简述了 LVC 相关概念,分析了 LVC 仿真和互操作存在的问题,针对存在的互操作性差的问题提出了 HLA 架构下的联合仿真训练平台这一概念,对联合仿真训练平台中的总控台和参与对象进行解释,并且对联合仿真训练平台的搭建和建模进行分析。在统一了系统的一致性后,重点解决在 HLA 联邦桥接的结构下的时空不一致的问题,分析了时空不一致问题产生的原因和需要重点突破的技术,通过 DR 低阶算法实现对时间在地域基站的推算预测,在 DR 低阶算法基础上提出了固有延迟、基站延迟和模型延迟三种延迟形式对推算预测的时间结果进行校正。在这之后利用时间和空间的不可分割性,由高阶 DR 算法对空间位置的变化进行预测,对经纬度、高度、航向角进行预测,对应不同参考坐标系的情况,提出可以利用空间坐标转换的方式来提高空间一致性程度,在 DR 低阶算法基础上提出了三种时间延迟模型来对最后的实验仿真结果进行校正。最后,利用 MTLAB 仿真软件在虚拟试验环境下实现给定事例的时间和空间传输结果的仿真和分析。从整体来看,从分析到试验,基本上已经完成了定题的初衷,较大程度上实现了对 LVC 虚实混合互操作条件下的时空一致性控制。

第 11 章 外军典型 LVC 模拟训练环境构建及启示

本章重点以外军典型 LVC 模拟训练系统为例,介绍 LVC 模拟训练环境的构建方法和仿真推演所需要的模型,包括建设关键要素、技术支持、子模块和关键技术,包括 LVC 典型运用场景下装备模型构建和行为模型构建。装备模型构建主要描述了飞机平台模型、机载传感器模型和机载武器模型的搭建,以及三种模型之间的关联关系,主要根据作战想定目的,完成对抗作战中各平台战法的逻辑和流程的设计分析,进而完成行为模型搭建,构建 LVC 模拟训练仿真一体化模型,为后续作战想定推演和多兵种联合训练的发展奠定基础。

当前,外军,特别是美军的 LVC 模拟训练技术已经逐步成熟,并且在实战化演训中不断迭代更新,以美空军为例,经过近 30 年的发展演进,美军及其军工企业都在不断开展 LVC 模拟训练仿真系统的设计和研制。

从这些已建成的 LVC 体系架构来看,典型的 LVC 模拟训练环境主要包括:飞机 LVC 模拟训练技术研究、模拟训练环境建设和演示验证系统;完成 LVC 技术框架和关键技术研究;实现先进作战飞机与模拟器、虚拟装备在 LVC“虚实结合”集成环境中开展实时对抗的训练需求;为受训人员的作战训练提供高逼真的“假想敌”设置和多样化的演训手段;为装备的试验鉴定及人员模拟训练提供支撑手段。

11.1 典型 LVC 模拟训练体系构成

从公开资料来看,典型 LVC 模拟训练体系,其建设主要目的为航空兵部队飞行员提供作战训练虚实结合模拟环境和战术战法研究的仿真平台。

“安全保密的 LVC 先进训练环境”(Secure LVC Advanced Training Environment,SLATE)是美国防部和军兵种为了加快国防高技术预研成果的转化应用而推出的先进技术演示(Advanced Technology Demonstration,ATD)项目,以评估 SLATE 对于空战训练的技术可行性、作战适应性和经济承受能力。飞行员对 SLATE 训练环境非常认可,因为该环境使他们能够在日常的模拟训练任务场景中及时发现自身的错误,而不是在致命的真实战斗情况下才第一次暴露问题。其能模拟出真实的复杂场景开展日常训练,对于未来的体系化战争至关重要。外军分布式任务操作网络(Distribufed Mission Operations Network,DMON)允许全球各地的不同飞机平台在虚拟环境中无缝地互操作和共同训练,图 11.1 是虚拟现实飞机对抗训练场景。

图 11.1　虚拟现实飞机对抗训练示意图

在 SLATE 的 ATD 项目中,美空军研究实验室指定立方体公司(Cubic)为系统集成商,并将与其他参与公司一起交付 LVC 机载子系统和地面子系统。立方体公司早在 20 世纪 70 年代初期就发明了空战综合训练系统(Air Combat Maneuvering Instrumentation,ACMI),LVC 是 ACMI 的演进版本,其目标是提供更高的威胁密度、更广阔的虚拟空域和安全的互操作环境,使飞行员可以在最高保真度环境中用先进的传感器和武器系统"在战斗中训练"。

波音公司、诺格公司、柯林斯航空航天系统公司等军工企业也在参与 LVC 的研制,突破的关键技术主要包括:地面模拟传感器和飞机传感器之间数据传输技术;雷达、平显、态势显示和电子战系统地面模拟技术;安全认证的多通道加密数据链技术;开放式系统架构技术等。其目标是实现模拟威胁无缝集成到驾驶舱环境的处理能力,高度还原真实的空战操作过程,并能够与现有的战术作战训练系统兼容。当把数字构建的合成元素加入实战训练中时,飞行员会得到更好的体系化训练经验,使他们能够在战斗情况下也不感到陌生。

SLATE 项目刚启动时,一直被视为一种辅助能力。然而,如今 SLATE 训练系统以及成为必不可少的设备,从美空军到美海军,从战斗机到直升机,正日益受到军方更多的关注。SLATE 将战术训练模拟器与真实飞机战术相结合,增强了战斗机端到端的操作训练经验,能够提供全面的作战训练,真正改变飞行员的训练方式。LVC 训练场景如图 11.2 所示。

图 11.2　LVC 训练场景示意图

可以说,现在已建成的 LVC 体系为美军院校教学、装备科研,围绕人才培养方案和教学科目设置,弥补当实装训练的短板。针对美空军模拟训练体系建设的重点,开展 LVC 虚实结合训练环境的研究,分为体系建设和技术研究两部分内容。

从公开报道文献来看,以美军现行的 LVC 模拟训练体系为例,美军 LVC 模拟训练环境包括实装飞机、飞机模拟器、环境构造系统、LVC 通信互联系统等部分组成,如图 11.3所示。

实装飞机及其附属设备主要是指美军现役和处于试验鉴定阶段的先进飞机平台,这些平台在融入 LVC 体系架构时,必须在飞机上挂载综合训练系统的专用吊舱,用于与地面站进行数据通信,进而满足空地、空空的数据实时、高效传输需求。模拟器主要是指美在模拟训练装备体系建设过程中,模拟器是以空军飞机为主,以武器装备以及相关维护保障训练为辅的模拟器体系。美空军数字构造兵力发展是伴随着武器装备信息化程度而逐渐形成和发展起来的一系列数字装备和兵力,主要是指实装和模拟器之外的补充力量。

除了上述 3 类典型的训练构成要素之外,在构造 LVC 模拟训练装备体系建设的过程中,形成了一整套模拟训练环境,或者说实战训练模式下的逼真的战场环境,特别是针对训练科目和战斗任务而设置的自然条件,包括气象、地理、地貌、风、云、雷、雨、雾等,这些接近真实的训练环境,可以按照训练任务的要求,加载到 LVC 模拟训练中的实体,将人在回路的操作体验变成可组合、可编辑的标准化组件,提升了受训者的真实体验。

LVC 区别于以往的模拟训练系统和装置的一个显著特征在于其互通互联的特性,而支撑系统互联互操作的一个基本要求是 LVC 体系架构内实装、模拟器和数字构造之间,需要一个支撑平台及其互联协议。从美空军模拟训练设施和逻辑靶场的建设来看,基于 LVC技术的互联组件包括有线传输、无线传输及总线控制模块。其中:有线传输主要包括路由器、光纤和数据处理中心;无线传输主要包括机载电台、地面站、数据处理中心以及天线等;总线控制模块依据美空军历史上建成的、现行的和未来预计建设的数据总线,考虑数据交互的通用性、时效性和安全性,整个分散在各个基地的训练资源优化整合,目前美军采用的总线技术是多种总线技术融合的体系架构,这种体系架构最大化地实现了现有资源的整合,尽量保持和利用原有系统的技术体系,如 TENA、HLA、DIS、CTIA,通过公共数据对象、网关、桥等实现不同模拟训练系统之间进行数据交互和时空一致性操作,保证数据的一致性和时效性。

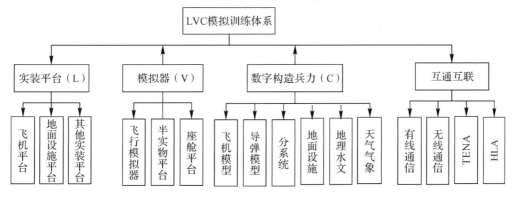

图 11.3　美军 LVC 一体化模拟虚拟系统的构成

11.2　LVC 模拟训练体系结构及运用流程

LVC 模拟训练系统的显示控制模块是其建设一个重点研究方向,美空军在实战化演习演训中需要显示系统来进行复盘和讲评,需要系统实时反馈交战结果,使参训飞机和对手或目标能及时更新其毁伤状态,避免对抗训练中的重复交战问题。综合态势演示系统应该继承装备可视化部分和战场环境部分,并且保持时空的高度一致性,还在支持数据的存储和加载,在 LVC 认证终端可完成 LVC 态势的实时监控,连接典型实装、评估系统、模拟器训练系统的能力提升样机,具备全系统的演示验证功能,即需要解决对抗训练的末端环节、打击过程和软、硬件杀伤效果及其评价问题,否则无法使对抗训练形成"闭环"。

通过对 LVC 技术架构的研究,搭建满足部队日常训练的典型气象条件、地理环境、对手场景的构造训练环境。根据 LVC 模拟训练技术研究及演示验证环境建设、功能定位及设计的总体思路,先进作战飞机 LVC 模拟训练技术研究及演示验证环境的核心就是要建设一个先进作战飞机体系对抗仿真训练与验证环境,其体系结构如图 11.4 所示,主要包括实装分系统、模拟器分系统、试验训练运行支撑分系统、仿真建模分系统、构造环境分系统、态势显示分系统、数据采集分系统、分析评估分系统等,支持虚实一体的先进作战飞机联合训练。

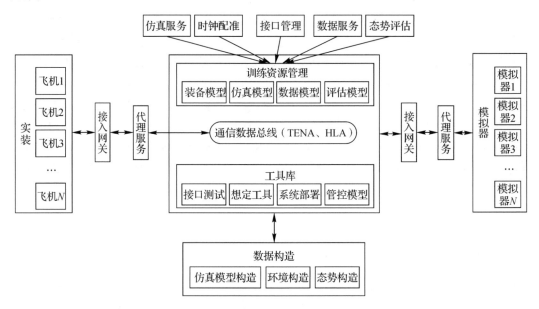

图 11.4　LVC 仿真训练与验证环境体系结构

因 LVC 一体化模拟训练功用和标准差异,且西方各国 LVC 建设水平参差不齐,外军对于 LVC 模拟训练流程尚统一标准和规范,对于 LVC 模拟训练标准从公开文献报道来看,以教学为例,应用 LVC 模拟训练系统开展训练和教学的基本流程主要包括方案拟制、训练准备、训练实施、训练评估四个阶段,具体图 11.5 所示。

（1）训练方案拟制。拟制训练方案阶段主要明确训练目的、训练内容、参训兵力、演训区域和红蓝双方的作战任务、作战编组、指挥关系以及导调实施计划、导调文书、导调席位要素筹划等,依托训练方案拟制和推演系统生成训练想定设计和训练方案计划文档。

（2）训练准备。训练准备阶段主要完成数据收集、仿真模型开发、想定编辑、推演设计、评估方案制定等。

1）仿真模型开发和数据收集。根据训练想定,检查模型和数据资源是否满足要求,包括模型功能、模型粒度、模型输入、模型输出等。必要时需进行模型开发和基础数据收集。模型开发包括模型组件开发和模型装配两个步骤,分别由组件开发工具和模型装配工具支持。

2）想定编辑。根据训练想定,在模型和战场环境支持下,进行兵力的配置、确定不同作战环境下作战任务的时间、参数以及战术动作等信息,生成仿真训练所需的想定文件。想定编辑工具支持训练想定开发,输出仿真想定脚本,供仿真引擎调用。

3）部署仿真资源。将仿真资源分发到仿真节点上。仿真资源包括仿真模型、数据资源、仿真引擎运行环境、想定脚本、运行方案等。运行管理工具支持仿真资源的部署,而且还能自动搜索可用节点、支持动态或手动分配运行任务。

4）建立评估方案。评估方案是对训练方案计划进行评估和优化的依据。评估方案由指标体系和各个指标的评判标准组成。每个指标的评判标准是一个由输入指标、输出指标、样本数据、各类评判方法组成的计算流程。

（3）训练实施。训练实施阶段主要是按照想定脚本和运行方案调度模型运行,采集输出数据,对运行状态进行监控,实时显示仿真训练态势。

1）方案加载。加载和解析想定运行脚本文件,初始化并建立与兵力编组相匹配的模型实体、初始化兵力部署、初始化推演环境、初始化数据采集模块;完成运行参数设置,包括运行次数、数据输出配置等,完成推演部署和初始化。

2）方案运行。对训练过程实施控制,包括训练进程启动、训练进程暂停、训练进程继续、训练进程停止,并可对训练流程、训练参数和训练环境等进行动态干预、调整与配置;运用综合态势显示工具实时接收训练过程数据,采用二维、三维战场态势方式显示作战态势和训练动态信息,实时记录仿真训练过程中产生的兵力、装备的状态数据、探测数据、态势事件数据、仿真计算结果数据、通信交互数据等;状态监控工具可实时接收和显示各节点的运行状态信息;在线统计工具可对各类数据进行实时统计。

（4）训练评估。训练结束后,调用记录数据回放,驱动态势监控工具,复现训练过程,对训练数据进行时空一致性分析和属性指标自动映射;利用采集到的训练数据建立与评估指标体系的映射关系,运用评估算法,按照评估流程,对训练方案计划的可行性、训练任务完成度等进行分析与评估,并根据用户需要以图形、表格、文字等多种方式给出分析评估报告。

11.3　外军 LVC 体系关键技术研究

纵观外军空军除了 LVC 模拟训练装备、器材和配套设施的建设,还在 LVC 运用过程中,不断研究新的 LVC 关键技术,这些关键技术与美空军作战试验、演习演训和实战化科目训练相结合,逐渐形成了特有的关键技术体系和技术方案。

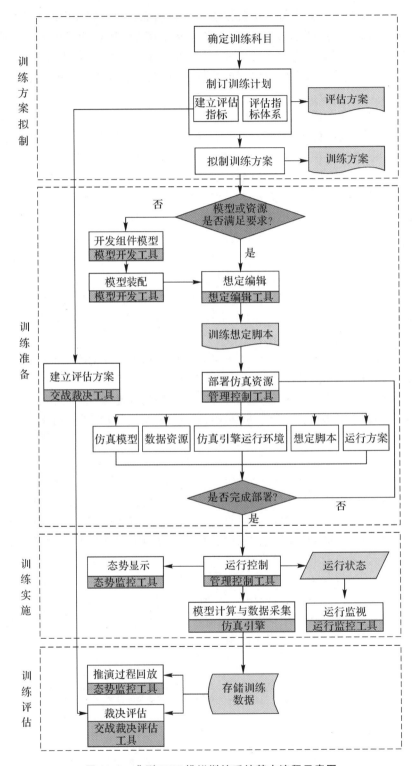

图 11.5 典型 LVC 模拟训练系统基本流程示意图

11.3.1　实装分系统

外军主要针对实际的现有飞机和其他飞行器,通过接入 LVC 训练运行支撑分系统,能够与模拟器、纯数字仿真兵力进行对抗训练,使模拟训练过程不仅具有很强的沉浸感和逼真度,更有实战化和全要素体系对抗的作战背景支撑,可为先进作战飞机的作战概念创新、模式创新、战法创新等提供科学、可信的验证环境,有利于提高飞行员对未来战场的适应性,增强克敌制胜的自信心。除此之外,LVC 模拟训练机载系统实装具有数据传输、加载、组网、仿真、交互、记录、评估等功能。

数据传输:接收机载 LVC 系统下传数据,向载机航电系统发送告知请求、自检结果等。

武器挂载模拟:可模拟导弹的挂载状态。

数据组网传输:与其他飞机和模拟器,地面站等共同构成无线通信网络,实现数据无线互传。

空战仿真计算:实时仿真计算近距、中距空空导弹和航炮攻击结果。

空情信息告知:根据仿真计算结果,生成告知指令,并配合 LVC 系统通告飞行员。

数据记录:能够记录机载分系统下传的数据,武器仿真过程数据、通信端机接收数据。

设备自检:具有上电自检和周期自检功能,向载机航电系统上报工作状态。

地面系统包括地面站和评估显示分系统两部分。

地面基站为空地提供无线数据通道、为空中飞行提供了组网通信能力、服务于训练、对抗数据传输。

评估显示分系统的功能主要由各类评估软件实现,装备形式主要包括综合处理与仿真设备、显控终端,以及对空抗击评估显示装备等。

评估显示分系统具有扩展能力,可根据实际使用情况,在典型配置基础上进行扩展部署。

11.3.2　模拟器分系统

模拟器是 LVC 系统中有别于传统训练模式的一个构成部分,主要针对现有和拟研制的相关型号的飞行模拟器,通过接入试验训练运行支撑分系统,能够与实装、纯数字仿真兵力进行对抗训练,可为实装训练提供协同或对抗兵力,也可与纯数字兵力进行实战化和体系对抗环境下的对抗训练,提高训练的针对性、对抗性、多样性和逼真度,提高飞行员的实战能力与水平。

11.3.3　仿真建模分系统

为规范仿真建模过程,仿真建模分系统主要包括 3 个建模工具:

(1)体系建模工具。该工具主要解决模型仿真域的通用建模问题,与具体的领域和行业无关,用户可根据实际业务领域的需要,基于该工具拓展自身的模型体系。该工具主要基于

DoDAF2.0 规范,选取适用于仿真建模的视图模型作为概念模型设计工具,能够以自动或半自动化的方式将其导入到仿真建模系统,进行装备仿真建模。

(2)装备模型设计工具。该工具基于组件化建模机制,将真实的作战单元或装备,按照不同的功能组成,拆解为不同的部件,分别建模;可以将模型组件与数据分离,以提高模型的通用性和可重用性。同时,该工具还可用于整体建模,以第三方模型的集成与融合。

(3)模型装配工具。该工具基于图形化设计,在组件模型开发完毕后,通过组装机制,以实体模型为基础,将不同功能、专业的组件模型组装起来,并赋予相应型号装备的参数值,使之与真实作战单元或装备一致。而对于棋子模型需要装订相应的数据属性,赋予相应的作战实体特征。

仿真建模分系统支持模型全寿命过程构建,从模型的视图设计,到模型框架代码的生成,建模人员完成业务部分的代码后,利用模型装配工具进行装备实体组装,构建型号化的装备模型,供模拟训练中心相关的仿真系统使用。

11.3.4　模拟训练运行支撑分系统

模拟训练运行支撑分系统主要用于解决实装、模拟器和纯数字仿真系统之间的互联、互通、互操作,能够为各参训单元提供一体化的接入、数据公布订购、对象构建、服务开发、消息传输、数据中继等功能,能够满足人在回路和实装、模拟器在回路的虚实一体仿真,提供全局时空服务,确保各作战仿真单元时空的一致性。其可兼容 DIS、OpenDDS、RTI‐DDS、TENA 等不同体制或不同厂家的通信中间件,同时,可为其他分系统仿真提供接口测试、方案拟制、试验设计、系统部署、运行管控、导调控制等共享服务支撑。

外军现有的 LVC 体系建设和发展是在其训练评估系统基础上发展而来的,从文献报道和公开资料来看,其典型采用训练评估系统集成实装飞机、数字装备和模拟器,通过升级原有航电系统、加装 LVC 中间件模块实现对抗和环境仿真数据的注入。其基本组成如图 11.6 所示。

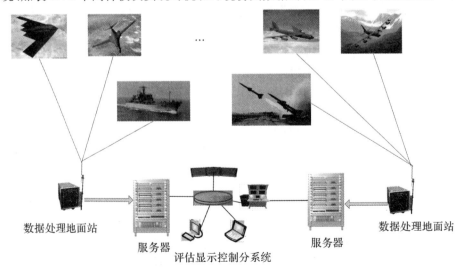

图 11.6　典型训练评估系统基本组成

典型训练评估系统由机载系统和地面系统组成,机载系统由机载数据采集器,训练吊舱等设备组成,地面系统由基站(网)和评估显示分系统组成。

11.3.5 构造环境分系统

构造环境分系统主要为实装和模拟提供构造兵力和战场环境,其核心是一个柔性可扩展的仿真引擎和一个与想定相适配的模型系统,这个仿真引擎可以根据已建的仿真模型和基本想定,快速地生成一个配合模拟先进作战飞机 LVC 中的 C,即纯数字仿真兵力和与 V、C 共用的地理环境、气象环境、电磁环境、目标环境等虚拟战场环境。仿真引擎主要用于系统推进、模型调度、交互管理等,模型系统主要用于提供对抗兵力、协同或支援保障兵力。

构造环境分系统支持训练方案到仿真想定的快速转换,并支持基于想定的仿真系统快速定制,不同的模拟训练任务可以定制不同的仿真系统,以适应训练任务、装备型号、对抗目标、战术战法的多样性和可扩展性。

构造环境分系统还负责各实装和模拟器所代表装备实体的影子实体仿真,影子实体是与参训对象对应的虚拟实体,各参训实装、模拟器、指挥所等按照交互结构发布自身数据后,仿真引擎将数据接入并驱动影子实体运行,同时驱动集成至仿真引擎中的实体模型运算,实现两类实体之间的交互,或将某一影子实体的相关参数交互给其他影子实体代表的参训实装或模拟器,供其使用,进而实现虚实一体的对抗或协同模拟训练。

构造的虚拟战场环境主要为各模拟器和构造兵力提供四类虚拟环境支撑:

一是地理环境,主要为参训的各作战单元提供地理高程的数据约束或行动决策参考,既可以是模型解算的约束条件,也可以作为战场可视化或视景仿真的基础支撑。

二是气象环境,主要为参训的各作战单元提供预设的天气(如风、云、雨、雪、雾、霾、雷电等)和天候(如昼、夜、春、夏、秋、冬、日出、日落、潮汐)等相关参数,为模型解算或行动决策提供依据。

三是电磁环境,主要为参训的各作战单元提供自然环境、相关建筑物产生的电磁辐射、反射、散射等参数,为相关传感器模型的解算提供依据。

四是目标环境,主要为各作战仿真单元提供相关目标的相关信息,包括位置、状态、大小、结构、材质等,为目标侦察、探测、打击等提供依据。

虚拟战场环境主要以查询方式向各作战单元提供服务。

11.3.6 态势显示分系统

态势显示分系统的应用场景较多(如红方、蓝方、白方态势和实时、回放等),因此,将采用灵活、先进的技术架构,通过插件化技术和二次开发接口,兼具通用和定制要求。态势显示分系统主要有两种应用模式。

一是通用的二维、三维战场态势显示模式,能够以二维平面、三维立体方式显示战场中地理、气象要素和各作战实体的外观、位置、姿态、状态、标识、属性、运动轨迹等信息。二维态势可以随意放大、缩小或拖动,三维态势可随意改变视点、视角和视距等。在态势图上还可以可视化地标注不同的功能区域、行动方向、实体关系、特殊效果等。态势显示主要用于对训练全过程的监控。

二是态势回放模式，能够基于采集和存储的演训态势数据，对训练过程进行复盘回放。态势回放时，可随意设置回放的片段（按时间起止点控制，可以是多个片段）、回放的速度、回放的视点/视角等相关参数。态势回放主要为训练讲评或问题查找提供直观手段。

11.3.7　空地对抗仿真环境

虚拟战场的重要功能是对战场环境的逼真的仿真模拟，而陆、海、空、天、电构成的现代战争的主要的战场环境，根据作战的活动范围环境和所运用的武器不同，可以将战场分为空战战场环境、海战战场环境、陆战战场环境、电磁场战场环境和天体战场环境等。而空战战场环境所涉及的主要内容包括天空、云、太阳、月亮、星星等。图 11.7 是空地对抗仿真环境的示意图。

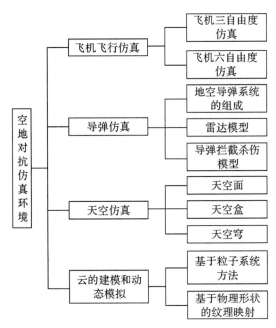

图 11.7　空地对抗仿真环境

11.3.8　分析评估分系统

分析评估分系统主要用于评估指标的统计、计算和分析，具备在线和离线两种运行模式。分析评估分系统主要包括构建评估指标体系、建立分析评估模型、选择评估算法、确定分析评估数据来源等，支持指标、因素、指标体系的分析；既能作为独立的分析工具，对作战实验产生的海量数据进行高效的统计分析和评估展现，也可以将软件嵌入各类仿真软件中进行评估分析工作；可以对多方案多样本的评估结果进行纵横对比分析，为训练方案和战术战法优化等提供数据分析支撑。

11.4　LVC 模拟训练系统互联互通技术

11.4.1　高层体系结构(HLA)

　　基于体系结构的开发已成为通用工程实践的一部分。针对不同平台、不同模型、不同仿真应用之间的高性能互操作问题,美军提出了先进分布式仿真(ADS)技术的概念。到目前为止,先进分布式仿真技术经历了平台级分布交互式仿真(DIS)、聚合层仿真协议(ALSP)到高层体系结构(HLA)的过程,1998 年完成 HLA 的最终定义,2000 年 9 月成为 IEEE1516.X 系列标准,形成了一系列比较完整的理论、标准和协议。

　　HLA 主要由三部分组成:规则(Rules)、对象模型模板(Object Model Template,OMT)、接口规范说明(Interface Specification)。为了保证在仿真系统运行阶段各联邦成员之间能够正确交互,HLA 规则定义了在联邦设计阶段必须遵守的基本准则。HLA 对象模型模板提供了一种标准格式,以促进模型的互操作性和资源的可重用性。接口规范定义了联邦成员与联邦中其他成员进行信息交互的方式,即 RTI 的服务。

　　HLA 是一个开放式的、支持面向对象的体系结构。它显著的特点就是通过提供通用的、相对独立的支撑服务程序,将应用层同底层支撑环境分离。HLA 的基本思想是采用面向对象的方法来设计、开发和实现仿真系统的对象模型,以获得仿真联邦的高层次的互操作和重用。图 11.8 展示了 HLA 仿真系统的层次结构。

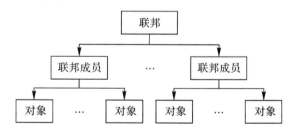

图 11.8　HLA 仿真系统层次结构图

　　HLA 仿真系统中的联邦成员是由若干相互作用的对象构成,对象是联邦的基本元素,虽然 HLA 定义了联邦和联邦成员构建、描述和交互的基本准则和方法,但 HLA 不考虑如何由对象构建联邦成员,而是在假设已有联邦成员的情况下考虑如何构建联邦(仿真系统),即如何设计联邦成员间的交互以达到仿真的目的。

　　HLA 采用对称的体系结构。所谓对称的体系结构是指在整个仿真系统中,所有的应用程序都是通过一个标准的接口形式进行交互作用。RTI 为联邦中的仿真提供一系列标准的接口(APD)服务,满足仿真所要求的数据交换和交互动作的完成,同时还要负责协调各个面各个层次上的信息流的交互,使各联邦能够协调执行,提供一个中和的环境进行分布交互仿真实验。在 HLA 的体系结构下，由于 RTI 提供了较为通用的标准软件支撑服务，具有相对独立的功能，可以保证在联邦内部实现成员及部件的即插即用(Pug and Play)，针对不同的用户需求和不同的目的，可以实现联邦快速、灵活的组合和重配置，保证了联邦范围的互操作和重用。

11.4.2 试验与训练使能体系结构(TENA)

美军在 LVC 体系架构中在装备试验与训练领域，必须要把实际的测试设备加入试验与训练系统，对实时性要求比较高，在该领域 HLA 的使用受到了很多限制。为此，基础计划 2010(FI2010)工程开发了"试验与训练使能体系结构"TENA。TENA 提供了试验和训练所需的更多特定能力，特别是针对试验与训练增加了标准的雷达对象模型、全球定位系统对象模型、平台对象模型、时间空间位置信息对象模型等，并在通信机制、时间管理等方面也进行了改进，旨在提高在试验与训练中应用建模与仿真技术时的互操作性、可重用性及可组合性。

互操作性对于一个独立开发的软件元素来说，是使其能与其他软件元素为相同目的而协同工作的特性，它注重软件元素间的通用性；重用是指一个软件元素能用在非起初设计的对象环境的其他场合的能力，它注重同一元素在多种环境中的可用性，且需要高度定义的接口规范。

TENA 体系结构促进了地理分布式靶场资源(既包括真实的，也包括仿真的)的互操作和重构(重构是指迅速装配、初始化、测试、执行由可重用的、互操作的元素集合构成的系统的能力)。这些靶场资源可以迅速地组合，满足新的试验和训练任务需求。特定域对象模型在整个事件循环中支持信息转换，实时和非实时通用软件基础结构处理目标模型，还包括一系列标准、协议、规则、支撑软件及其他关键部件。

现有 TENA 完整框架包括符合 TENA 规范的应用、基础设施、对象模型、实用程序以及通过一定方式接入 TENA 框架参与仿真的非 TENA 系统。

(1)TENA 应用主要包括按照标准建立的靶场仪器设备、设备数据运算系统、设备接入系统，由 TENA 工具管理监控。TENA 应用由负责信息对接的 TENA 中间件与描述靶场实体的对象模型以及其他文件共同组成。非 TENA 应用指按照 HLA、DIS 或其他规范开发的非标准系统，用来拓展仿真空间层次。非规范系统可通过桥接或中间件等形式与 TENA 系统进行互联。

(2)TENA 元模型。TENA 元模型为 TENA 对象模型及数据信息制定了相对 HLA 更加详细的标准和规范。TENA 对象模型负责规范 TENA 应用的通信数据协议和协议对接接口。

(3)TENA 公共基础设施包括 TENA 仓库、TENA 中间件与逻辑靶场数据档案三部分，主要负责调用 TENA 对象模型，缺少任一部分将导致系统无法进行调用、实现仿真。逻辑靶场数据档案完成靶场运行数据存档与读取，TENA 仓库由诸多系统数据库组成，包含了逻辑靶场互通的全部信息，并向外提供数据调用窗口。仓库内信息主要涵盖 TENA 对象模型数据、应用程序、历史沿革的不同版本工具以及逻辑靶场历史仿真等。TENA 中间件时仿真运行时信息数据交换中枢,负责完成数据的实时接收处理发布。TENA 架构体系如图 11.9 所示。

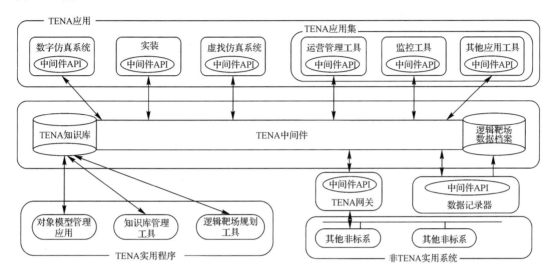

图 11.9　TENA 体系结构图

TENA 中间件将分布式共享内存、匿名发布订购和面向对象的模型驱动分布式编程范式组合成统一的分布式中间件系统。

自动代码生成是 TENA 的最为显著的优点之一,大大减少了 JMETCIO 靶场演示中软件集成和测试的时间。TENA 中间件的引入也使利用发布订购模式交换数据的分布式应用程序能迅速开发。尽管现存许多发布订购系统,却极少像 TENA 中间件那样具备高级编程抽象能力。

11.4.3　LVC 数据通信相关技术

外军 LVC 联合训练仿真系统建设的主要目的是实现真实、虚拟、构造训练资源的互联互通互操作。运用扩展的 C⁴ISR 体系结构框架从驱动需求上进行分析,从运作驱动需求以及技术驱动需求入手,并以此设计相应的运作体系机构和技术体系结构,最后在此基础上设计实现系统体系结构。LVC 联合仿真的运作驱动需求主要针对参与 LVC 联合仿真的所有训练资源全生命周期的支持,包括开发、运行、数据处理等过程。LVC 联合仿真的技术驱动需求是解决当前 LVC 联合仿真在技术上面临的问题,主要包括异构系统之间的互联互通互操作以及训练资源的可重用和可组合。

LVC 联合训练体系结构中系统的互联方式采用了中间件技术与网关技术相结合的方式。其中 DDS 应用采用中间件技术实现互连,非 DDS 应用通过网关与 DDS 中间件互连,这是其他系统建立与中心系统的网关的一种网关应用方式,此方式能尽可能减少网关的数量并且可扩展性较强。LVC 架构下的训练系统可能是不同的系统,因此,实现不同系统的融合是联合训练的基础。系统互连的方式主要有网关技术、中间件技术以及 WEB 技术。

(1)网关技术。网关技术是实现不同系统之间互联的常用技术。网关的核心部件是代理模块与转换器,代理模块的作用是加入不同的系统中,转换器的作用是实现信息的转换。网关技术示意图如图 11.10 所示,LVC 体系网关内的代理模块 A 和代理模块 B 作为系统 A 和 B 的成员加入不同跨域仿真系统,代理模块作所加入 LVC 系统的模拟或者实装节点,可以与仿真系统内的其他应用可进行互操作和信息转换,如代理模块 A 可与应用 1 进行信息交互,而代理模块 B 可与应用 2 进行信息交互。代理 A 和代理 B 之间通过转换器进行信息的交互,从而间接实现了系统 A 中的应用 1 与系统 B 的应用的信息交互。

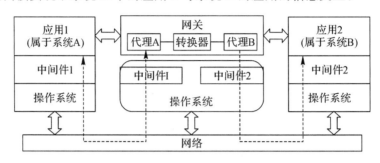

图 11.10   网关技术示意图

LVC 体系架构内网关的应用上,LVC 典型应用的跨域操作结构有不同系统两两之间建立网关、建立通用网关、建立与单一系统的网关。LVC 跨域互操作系统两两之间建立网关是最直接的方法,当分系统交互较多时,网关模块数量会急剧增多,适用于系统较少的情况,可扩展性不强。通用网关技术的目的是建立一种能互联所有参与联合训练的系统的网关,网关数量最少,但技术较为复杂,而且往往需要在已知所有参试系统的情况下进行建立,因此可扩展性不强。建立与单一系统的网关是以某个系统作为中心系统,其他系统建立与中心系统的网关,这种方法网关数量适中,当有新系统加入时只需再加一个网关即可,可扩展性强。

(2)DDS 中间件技术。应用软件种类繁多,而软件运行平台也多种多样,为了实现资源共享,各应用软件最好能够在不同的平台之间使用。为了实现这一要求,可以在应用程序和底层平台之间建立一层独立软件,称为中间件。中间件是位于应用程序和操作系统之间的一个软件层,其将应用程序从基础计算机架构、操作系统等细节中隔离开,应用程序直接在中间件的基础上进行开发而无须使用底层编程结构,从而简化了应用程序的开发。具体来讲,其具有以下几个方面的功能:

1)屏蔽掉了底层的,复杂、烦琐的、易出错的与平台相关的细节;

2)提供一个高层抽象集合;

3)满足大量应用的需要;

4)支持标准的协议、接口等。

网络中间件更是在此基础上将应用程序从操作系统、网络堆栈等细节中隔离开,无需使用低层协议编程(如 TCP/IP、SOCKET)。数据分发服务(DDS)中间件是基于发布-订阅式通信模型的网络中间件,它提供一种直观的方式分发数据,将创建和发送数据的软件与接收和使用数据的软件分离开。除了模型的简便性,发布-订阅中间件可以处理复杂的信息流模式,它可以自动处理所有的网络琐事,包括连接、失败和网络变化,这样就消除了用户应用程序为那些特殊情况进行编程的需要。因此,发布-订阅中间件的使用将实现更简单、更模块化的分布式应用程序。

　　DDS 为在系统参与者之间有效地分发应用程序数据定义了一个服务,该服务并不特定于 CORBA。DDS 规范提供了一个平台独立模型和一个平台特定模型,它将平台独立模型映射至 CORBA IDL 实现。该服务分成两层接口:一层是 DCPS(以数据为中心的发布-订阅)层,另一层是可选的 DLRL(应用程序必须使用 API 来建立实体,以此建立彼此间的发布-订阅通信)。DDS 包含的实体及其关系如图 11.11 所示。

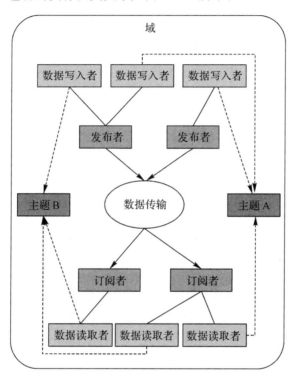

图 11.11　DDS 实体关系图

　　DDS 的通信可分为建立连接与数据传输两部分。在发布者和订阅者建立连接之前,DDS 应用程序必须通过某种中央介质或某种分布式方案发现另一个应用程序。DDS 可被配置为使用 DCPSInfoRepo 或 RTPS 发现协议执行"发现"过程。在发现过程中,若双方主题匹配且服务质量兼容,则会自动建立连接。建立连接后,通信双方可进行数据传输。图 11.12 描述了 DDS 传输数据的示意图,应用程序使用数据写入者发布数据,数据写入者与单独主题相关联,一个特定的主题可以拥有多个数据写入者,发布者是一个负责实际数据发送的 DDS 实体。订阅者负责接收数据并将数据传输给与此数据主题相同的数据读取者供应用程序使用。

　　(3)Web 技术。Web 服务将服务与实现进行了分离。接口把实现服务的细节进行了隐藏,这样使得将服务的使用与服务的实现进行分离成为可能,使用服务的过程是独立的,不依赖于实现服务时所基于的软/硬件平台以及所使用的编程语言。Web 服务的交互模型如图 11.13 所示。

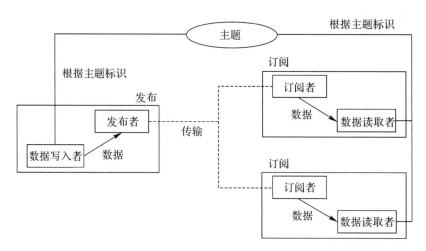

图 11.12 DDS 通信数据传输图

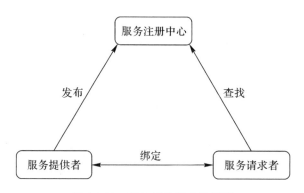

图 11.13 Web 服务的交互模型

Web 服务的技术优势,为 LVC 联合训练系统集成提供了一条路径,Web 服务的特点决定了其使用可以为 LVC 联合训练系统带来以下几个方面的优点:

1)实现基于 Internet 的共享平台。在联合训练中,训练资源的共享使用问题是其面临的一个重要问题,Web 服务技术作为当前使用最广泛的资源共享平台,能够实现训练资源的共享。

2)实现训练资源的跨平台使用。由于 Web 系统本身具有跨平台性,因此,基于 Web 的训练资源同样可以实现跨平台的访问,从而摆脱底层平台的限制。

3)实现参训诸单元之间的透明访问。

从现有公开文献报道和资料来看,外军模拟训练体系建设和近些年的发展运用模式,外军,特别是西方军事强国,在实战经验总结和训练实践基础上逐步探索出现行 LVC 一体化模拟训练系统,并且不断丰富和发展 LVC 一体化模拟训练体系。这些经验和教训是外军在实战化训练和装备研制过程中逐步形成的,应该说是立足于本国装备现状和训练模式而诞生和发展的,以外军 LVC 条件建设为蓝本,充分吸取外军在 LVC 模拟训练体系建设中的经验和不足,立足我军装备现状、模拟训练器材建设和关键发展技术,对全面建设我军 LVC 模拟训练装备体系具有重要的意义。

11.5　国外建设 LVC 模拟训练体系启示

纵观外军模拟训练体系建设近 30 年的发展历程,不难发现,西方各国都基于自身的装备发展水平,选择了不同的发展道路,但其核心都是从提升实战化水平和训练效费比出发,发展适合本国国情的模拟训练装备,重点都落在 LVC 模拟训练装备体系建设、互通互联、信息安全交互和关键技术研究等方面。我国当前可以从我国的装备发展水平出发,以外军,特别是美军 LVC 模拟训练装备体系发展为蓝本,重点从以下几个方面着手,丰富和发展 LVC 模拟训练体系及其关键技术:

(1)要发展 LVC 模拟训练体系,目标是降低实装训练的装备损耗。LVC 建设的出发点和落脚点是降低训练经费,提高训练效益,因此,外军在建设 LVC 模拟训练装备体系的过程中,始终围绕这个目标开展设计和部署。外军借助实装与模拟训练装备的协同训练,在不降低训练强度和难度的同时,降低装备的结构寿命和服役寿命损耗,特别是针对存在使用风险和装备损耗类训练科目的训练任务,这将成为 LVC 体系建设的一个建设方向和主线。

(2)立足装备现实,提高现有装备训练的效益。外军当前多场演习演训,都在不断地减少实装飞机和地面装设备的出动架次和频次,减少实际装备训练过程的出动频率,最大限度地将模拟器和数字构造兵力融入训练体系,未来的训练模式也将在空域、气象、配属兵力等条件受限的情况下,完成相关训练科目,降低训练成本,特别是减少训练用油、气、弹药等资源的消耗,提升装备训练的效益。

(3)虚实结合,缩短装备技术到战法创新的实现路径。通过构建的模拟对抗环境,在构造的训练和对手环境中完成战法的推演验证,可以极大地缩短战法成熟和完善的周期,为战术战法创新和新装备制造研究提供新的途径。

(4)避实就虚,整合训练资源,全面提升训练效能。外军在运用 LVC 模拟训练装备开展训练过程中,为了压缩训练成本,通常在现有蓝军数量和配属有限的情况下,为作战训练提供高逼真的"假想敌"设置、多样化的演训手段和更加真实的对抗环境,实现在本场完成红蓝对抗训练,特别是构造可能应对的外部训练环境,为训练任务的拓展提供技术支撑,进一步提升训练的效能。

同时,相关技术可推广至其他军兵种使用,推动体系化演训任务的 LVC 应用模式推进,为多兵种协同对抗训练提供技术支撑手段。

参 考 文 献

[1] 何晓骁,王秉涵.美军"实况-虚拟-构造"仿真技术发展及应用研究[J].航空兵器,
2021,28(6):14-18.

[2] 张学军.基于混沌映射的图像加密算法研究[J].河西学院学报,2021,37(5):44-46.

[3] 张涛.计算机网络通信中数据加密技术的应用[J].集成电路应用,2021,38(5):182-183.

[4] 李彬.浅谈非对称加密方式及其应用[J].信息记录材料,2021,22(1):214-215.

[5] 刘怡静,李华莹,刘然,等.LVC 空战演训系统发展研究[J].飞航导弹,2020(12):55-60.

[6] 白爽,洪俊.美军面向 LVC 联合训练的技术发展[J].指挥控制与仿真,2020,42(5):
135-140.

[7] 刘为超.数字图像加密技术及其安全性分析[J].科学技术创新,2020(18):104-105.

[8] 费克西,周沁乔,黄凯.虚拟电梯培训系统沉浸式设计与实现[J].机械设计与制造工
程,2019,48(12):118-122.

[9] 陈昭喜,许爱军.基于虚拟现实技术的分光计实验系统设计与实现[J].现代计算机,
2019(35):93-96.

[10] 何晓骁,姚呈康.人工智能等新技术在航空训练中的应用研究[J].航空科学技术,
2020,31(10):7-11.

[11] 赵洪文.浅谈 VRay 与 Corona 渲染器在室内效果图表现中的优劣[J].建材与装饰,
2019(34):225-226.

[12] 陈俊涛.软体机械手遥操作系统设计和实验研究[D].秦皇岛:燕山大学,2019.

[13] 尚永强.大数据时代信息安全的新特点与新要求分析[J].数字通信世界,2019(1):
147-148.

[14] 谢晓方,刘青松,袁琨,等.基于三维模型库的战场想定配置软件[J].计算机与数字
工程,2017,45(8):1601-1606.

[15] 周强,谢靖,赵华茗.大型网站的架构研究及解决方案[J].计算机科学,2017,44(增
刊):587-590.

[16] 李本威,韦祥,王永华.航空发动机故障分析和诊断综合训练系统[J].实验技术与管
理,2017,34(1):119-123.

[17] 刘璐,宋倩,孙壮.超大型浮式结构物连接器的概念设计与分析[J].中国水运(下半
月),2017,17(1):117-119.

[18] 张昱,张明智,胡晓峰.面向 LVC 训练的多系统互联技术综述[J].系统仿真学报,
2013,25(11):2515-2521.

[19] 姚青锋,冯少冲,邸彦强,等.仿真想定规范化开发方法[J].电光与控制,2013,20
(7):82-86.

[20] 徐献灵,崔楠.数字图像置乱加密技术综述[J].信息网络安全,2009(3):32-34.

[21] 黄传毅,唐金国,李彪,等.基于 XML 的想定元素类管理的设计与实现[J].计算机

仿真,2008(7):28 - 32.

[22] 迟刚,王树宗.HLA 仿真技术综述[J].计算机仿真,2004(7):1 - 3.

[23] 石峰,赵雯,王维平.联合作战仿真应用中的想定系统框架[J].系统仿真学报,2003
     (2):212 - 215.

[24] 李昌刚,韩正之,张浩然.图像加密技术综述[J].计算机研究与发展,2002(10):1317 - 1324.

[25] 唐巍,李殿璞,陈学允.混沌理论及其应用研究[J].电力系统自动化,2000(7):67 - 70.

[26] 吴艳君.基于 VR 技术的 SMT 仿真实训系统的研究与实现[D].大连:大连海事大
     学,2009.

[27] 李本威.航空发动机故障分析和诊断综合训练系统[J].实验技术与管理,2017(1):
     119 - 123.

[28] 杨姣.基于 Unity3D 的航空发动机虚拟现实设计与研究[D].成都:西华大学,2018.

[29] 周玉芳,余云智,翟永翠.LVC 仿真技术综述[J].指挥控制与仿真,2010,32(4):1 - 7.

[30] 房圣超,彭澍源.一种面向 LVC 仿真的软总线实现及优化方法[J].现代计算机,
     2017(16):50 - 53.

[31] 陈西选,徐珞,曲凯,等.仿真体系结构发展现状与趋势研究[J].计算机工程与应
     用,2014(9):32 - 36.

[32] 徐鸿鑫.基于 LVC 的联合仿真试验与技术研究[D].长沙:国防科学技术大学,2015.

[33] 闫瑞东.基于软总线的卫星姿控系统软件体系结构及关键构件设计[D].哈尔滨:
     哈尔滨工业大学,2012.

[33] 林浒,史须勇,杨海波,等.基于"软总线"的 ICT 融合通信服务器体系结构研究[J].
     小型微型计算机系统,2015,36(11):2536 - 2539.

[34] 李宗阳.联合仿真平台软总线系统的研究设计与实现[D].西安:西安电子科技大
     学,2014.

[35] 魏振华,汪健平,张学利,等.基于消息调度的远洋渔业数据采集体系[J].科研信息
     化技术与应用,2019,10(4):50 - 55.

[36] 曾哲.面向 LVC 的网络安全软总线设计及优化方法[D].西安:空军工程大学,2021.

[37] 宗阳.联合仿真平台软总线系统的研究设计与实现[D].西安:西安电子科技大
     学,2014.

[38] 潘勃.混沌保密通信理论及其在电视制导系统中的应用[M].北京:电子工业出版
     社,2021.

[39] 谢涛.Logistic 映射在密码学中的应用研究[D].湘潭:湘潭大学,2017.

[40] 邵浩栋.基于混沌理论的航空集群自组织网络的信息加密技术研究[D].西安:空军
     工程大学,2019.

[41] 深圳壹账通智能科技有限公司.基于加密、解密操作的数据传输方法、系统和计算
     机设备:202010253249.9[P].2020 - 08 - 18.

[42] 侯文刚.基于混沌系统的数字图像加密技术研究[D].南昌:江西财经大学,2018.

[43] 陈冲.基于分数阶傅里叶变换的信号压缩感知研究[D].焦作:河南理工大学,2017.

[44] 李胜兵.智能楼宇用电信息感知系统与负荷优化调度研究[D].湘潭:湘潭大

学,2017.

[45] 屈冉.压缩感知算法及其应用研究[D].南京:南京邮电大学,2013.

[46] 胡云峰.基于压缩感知的信号重构方法研究[D].吉林:东北电力大学,2019.

[47] 解雯霖.许可区块链高效共识及跨链机制研究[D].济南:山东大学,2019.

[48] 李剑锋.基于拜占庭容错机制的区块链共识算法研究与应用[D].郑州:郑州大学,2018.

[49] 戴鹏.基于实用拜占庭共识算法(PBFT)的区块链模型的评估与改进[D].北京:北京邮电大学,2019.

[50] 安庆文.基于区块链的去中心化交易关键技术研究及应用[D].上海:东华大学,2017.

[51] 徐蕾.基于区块链的云取证系统研究与实现[D].绵阳:西南科技大学,2017.

[52] 吴振铨,梁宇辉,康嘉文,等.基于联盟区块链的智能电网数据安全存储与共享系统[J].计算机应用,2017,37(10):2742 - 2747.

[53] 吴艳君.基于 VR 技术的 SMT 仿真实训系统的研究与实现[D].大连:大连海事大学,2009.

[54] 赵洪文.浅谈 VRay 与 Corona 渲染器在室内效果图表现中的优劣[J].建材与装饰,2019(34):225 - 226.

[55] 杨姣.基于 Unity3D 的航空发动机虚拟现实设计与研究[D].成都:西华大学,2018.

[56] 张茜.基于 Unity3D 的汽车功能模拟与驾驶场景演示系统的设计和实现[D].南京:东南大学,2016.

[57] 张红松,胡仁喜,路纯红.SolidWorks 2011 中文版标准教程[M].北京:科学出版社,2011.

[58] 吴景.基于 Unity3D 的虚拟实验系统设计[D].广州:广东工业大学,2015.

[59] 刘长福.航空发动机构造[M].北京:国防工业出版社,1989.

[60] 方沁.基于 Unity 和 3dmax 的虚拟实验室三维建模设计与实现[D].北京:北京邮电大学,2015.

[61] 何晓骁,姚呈康.人工智能等新技术在航空训练中的应用研究[J].航空科学技术,2020,31(10):7 - 11.

[62] 王东昊.LVC 资源组件生成工具开发[D].哈尔滨:哈尔滨工业大学,2020.

[63] 迟刚,王树宗.HLA 仿真技术综述[J].计算机仿真,2004(7):1 - 3.

[64] 孟凡松,汪霖,陈科勋.基于 BOM 的 LVC 仿真资源互操作实现[J].军事通信技术,2009,30(2):75 - 79.

[65] 张丽晔,廖建,蔡斐华,等.试验训练使能体系结构(TENA)的研究与应用[J].计算机测量与控制,2015,23(10):3461 - 3464.

[66] 李微.HIT - TENA 通用协议转换软件开发[D].哈尔滨:哈尔滨工业大学,2014.

[67] 董志华,朱元昌,邸彦强.广域网环境下创建 LVC 仿真环境技术的分析与比较[J].火力与指挥控制,2014,39(8):1 - 4.

[68] 李进,吉宁,刘小荷,等.美军新一代支持联合训练的 JLVC2020 框架研究[J].计算机仿真,2015,32(1):463 - 467.